Patrimônio cultural da Amazônia

Mamirauá

Reserva de Desenvolvimento Sustentável

Thiago Medaglia e Marcos Amend

Realização

Editora HORIZONTE

Patrocínio

cosan

Apoio

LEI DE INCENTIVO À CULTURA

MINISTÉRIO DA CULTURA

Coordenação Editorial
Peter Milko

Editor Executivo
Roberto Amado

Diretora de Arte
Walkyria Garotti

Texto
Thiago Medaglia

Fotografia
Marcos Amend
Luiz Claudio Marigo e Paulo Santos

Arte
Diogo Franco do Nascimento
Fernanda Areias Dalhuisen

Produção Editorial
Maíra Kaupatez

Pesquisa e Produção
Mariana Espósito

Mapa
Sírio Cançado

Ilustrações
Andrea Ebert

Revisão
Dora Wild

Produção Gráfica
Mauro de Melo Jucá

Tratamento de Imagem
Retrato Falado

Impressão
Prol Gráfica

« Capa: A Pousada Uacari, cujo nome foi inspirado no uacari-branco (*abaixo, à esquerda*) protegido pela reserva. A pesca manejada do pirarucu (*abaixo, à direita*) é um dos projetos de desenvolvimento sustentável de Mamirauá.
Fotos: vista aérea da pousada e pescador (Marcos Amend), uacari-branco (L.C. Marigo)

DADOS INTERNACIONAIS DE CATALOGAÇÃO NA PUBLICAÇÃO (CIP)
(CÂMARA BRASILEIRA DO LIVRO, SP, BRASIL)

Medaglia, Thiago
Mamirauá patrimônio cultural da Amazônia : Reserva de Desenvolvimento Sustentável / texto Thiago Medaglia ; [fotografia Marcos Amend, Luiz Claudio Marigo e Paulo Santos]. -- São Paulo : Editora Horizonte, 2010.

ISBN 978-85-88031-31-9

1. Biodiversidade - Conservação 2. Meio ambiente 3. Patrimônio cultural - Amazônia 4. Proteção ambiental 5. Reserva de Desenvolvimento Sustentável Mamirauá - Descrição I. Amend, Marcos. II. Marigo, Luiz Claudio. III. Santos, Paulo.

10-10349 CDD-306.409811

Índices para catálogo sistemático:

1. Amazônia : Reserva de Desenvolvimento Sustentável Mamirauá : Patrimônio ambiental : Patrimônio cultural 306.409811

Editora
HORIZONTE

Av. Arruda Botelho, 684 - 5° andar - CEP 05466-000
São Paulo - SP
Tel.: 55 11 3022-5599 - Fax: 55 11 3022-3751
E-mail: redacao@edhorizonte.com.br
www.edhorizonte.com.br

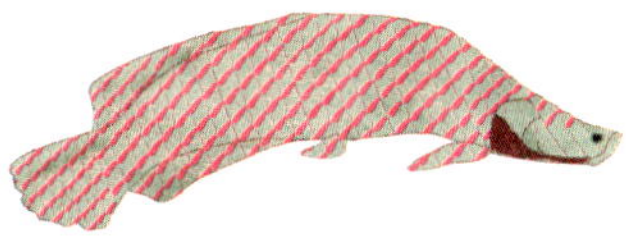

↟ Na Comunidade Boca do Mamirauá, o espelho d'água estimula os sentidos e faz com que o céu e o lago se fundam numa só paisagem, enquanto as canoas aguardam pela próxima pescaria

Patrimônio cultural da Amazônia

Mamirauá

Reserva de Desenvolvimento Sustentável

Thiago Medaglia e Marcos Amend

Editora HORIZONTE

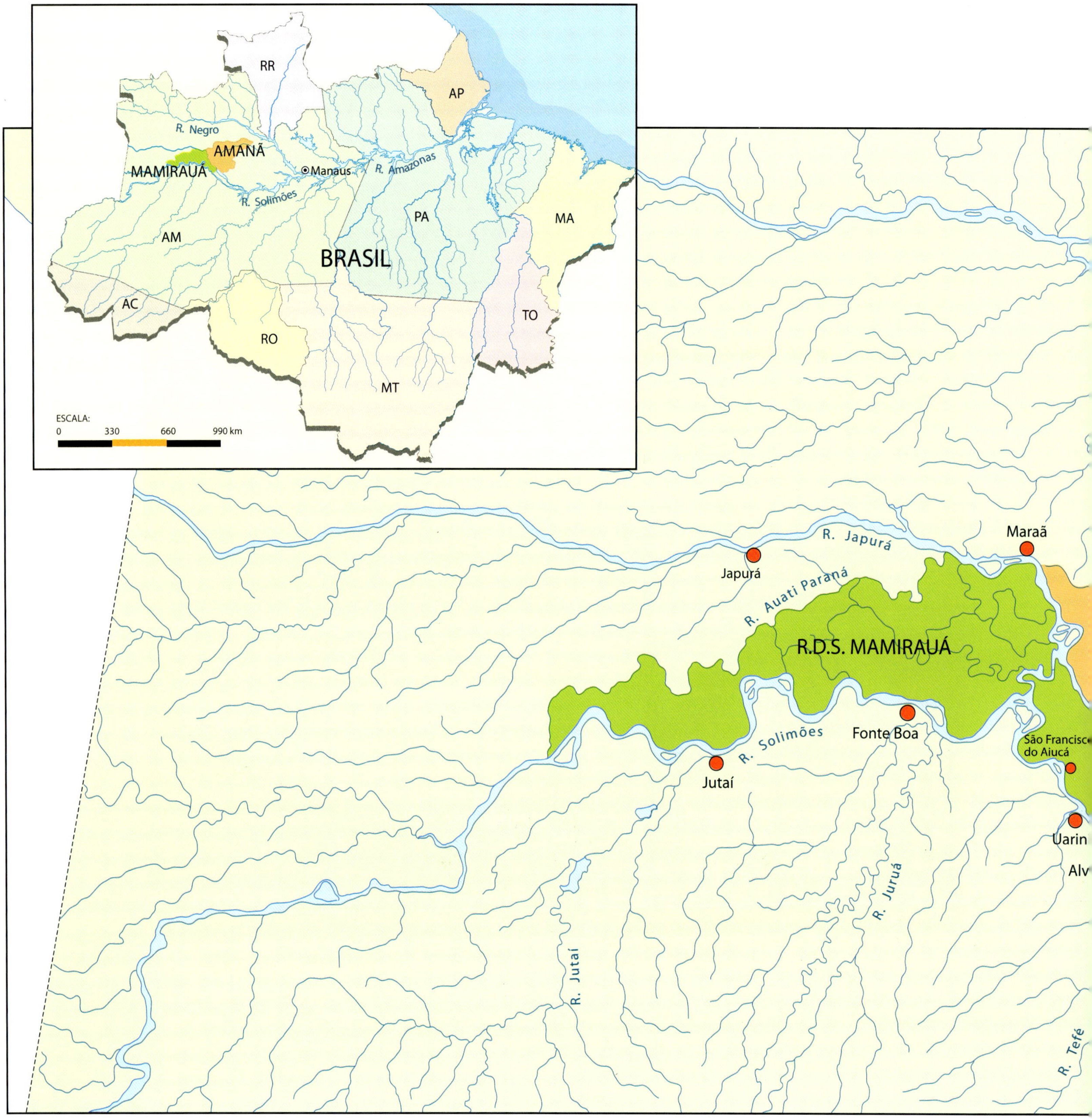
RR
AP
R. Negro
AMANÃ
MAMIRAUÁ
Manaus
R. Amazonas
R. Solimões
MA
PA
AM
BRASIL
AC
TO
RO
MT
ESCALA:
0
330
660
990 km
R. Japurá
Maraã
Japurá
R. Auati Paraná
R.D.S. MAMIRAUÁ
Fonte Boa
R. Solimões
Jutaí
R. Juruá
R. Jutaí
R. Tefé

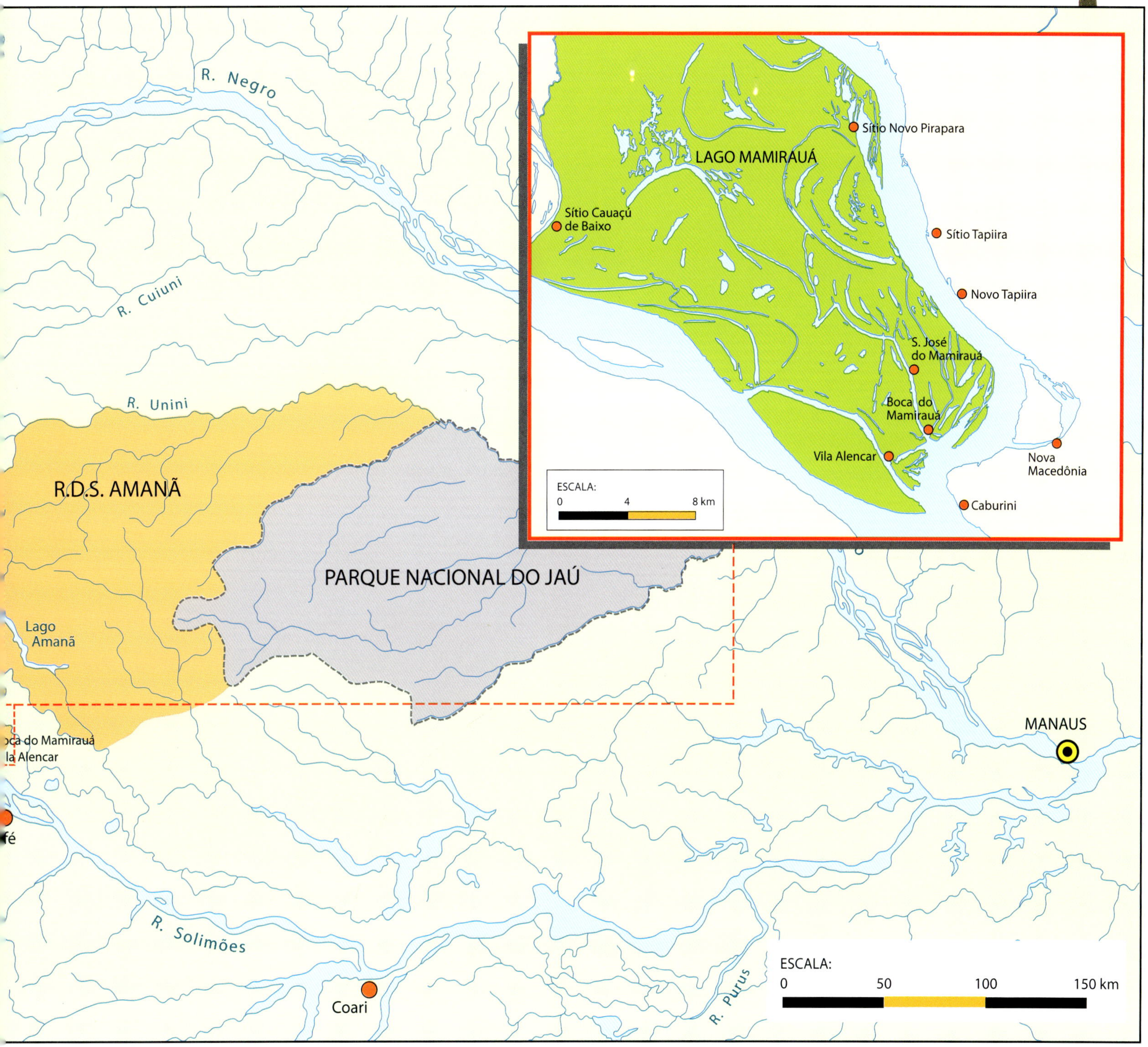
R. Negro
R. Cuiuni
R. Unini
R.D.S. AMANÃ
PARQUE NACIONAL DO JAÚ
Lago Amanã
oca do Mamirauá
la Alencar
fé
R. Solimões
Coari
R. Purus
MANAUS
ESCALA:
0 50 100 150 km
LAGO MAMIRAUÁ
Sítio Novo Pirapara
Sítio Cauaçú de Baixo
Sítio Tapiira
Novo Tapiira
S. José do Mamirauá
Boca do Mamirauá
Vila Alencar
Nova Macedônia
Caburini
ESCALA:
0 4 8 km

Modelo de desenvolvimento

É dia na floresta amazônica. Por detrás da mata, o sol desponta e faz transbordar de luz o Lago Mamirauá. No espelho d'água, o reflexo branco das nuvens se mistura com tons de amarelo não expostos pelo céu. De canoa, deixamos esse cenário para invadir os limites do igapó, a mata alagada. A luz não nos acompanha. Em plena manhã, o labirinto de raízes e galhos dificulta a passagem, enquanto as copas das árvores impedem a entrada de boa parte dos raios do sol. Na proa da embarcação, o caboclo desvia dos arbustos e troncos que boiam. Vez ou outra, um clarão denuncia: ali, não faz muito tempo, tombou uma grande árvore. Estamos cada vez mais embrenhados na selva. Então, entre os galhos altos, surgem manchas alvas no breu do igapó. São macacos, um bando de dez uacaris-brancos, o animal mais procurado dessas matas.

Nos últimos cinco séculos, pouca gente teve esse privilégio. O uacari-branco era, há poucas décadas, um animal praticamente desconhecido. A primeira descrição foi feita em 1847 pelo zoólogo francês

«« Em 1983, Márcio Ayres procurava por um local apropriado próximo a Tefé para seus estudos e, quase que por acidente, percorreu um longo canal que o levou ao Lago Mamirauá

» Não apenas no aspecto visual, o uacari-branco é distinto dos demais primatas amazônicos. Mais do que qualquer outro, é especialista em se alimentar dos frutos e sementes encontrados nas matas alagadas

Isidore Geoffroy Saint-Hilaire. Pouco tempo depois, seria a vez do naturalista inglês Henry Walter Bates relatar a biologia do mono ao passar cinco anos na atual região da cidade de Tefé, no Médio Rio Solimões. Bem mais tarde, as linhas rabiscadas por Bates em seu diário inspiraram outro explorador a se sujeitar ao obscuro igapó e seus enormes carapanãs, a versão amazônica dos pernilongos (eles picam até por cima da calça jeans) em busca do uacari. Natural de Belém, seu nome era José Márcio Ayres, então um jovem biólogo. Saiu do Pará à procura de um local adequado para estudar o macaco do Amazonas. Encontrou bem mais que isso.

A complicada rede de rios, lagos e igapós

Menos surpreso do que os expedicionários do passado, é claro, Márcio se deparou com um mundo mágico, quase mítico, composto por quilômetros (e quilômetros) de matas intocadas e um emaranhado de 600 lagos interligados, habitados por animais peculiares: jacarés com quase 6 metros de comprimento e 350 quilos de peso; onças pintadas capazes de perambular e de caçar na água, em cima de árvores, em terrenos alagadiços e onde mais encontrarem uma oportunidade; bagres três vezes mais pesados do que homens; em plena água doce, seres marinhos como botos e peixes-boi; aves de rapina com garras maiores do que as mãos humanas; e uma porção de outros representantes dignos de lendas e fábulas – de modo que não seria assim, tão estranho, encontrar um macaco branco de cabeça vermelha.

« No Médio Solimões, o desenho do labirinto de rios e lagos é alterado a cada estação. A várzea amazônica é a única floresta tropical do planeta na qual a variação no nível das águas chega a ultrapassar os 10 metros

» O tempo das enchentes facilita a locomoção dos barcos a motor. Na seca, porém, atravessar corpos d'água menores, como o cano do Lago Mamirauá, pode ser tarefa possível apenas às canoas

Mas o pesquisador topou, também, com uma gente doce, embora desconfiada, e usufruindo sem controle dos recursos generosos ofertados pela Amazônia. Era início de 1983, quando Márcio Ayres, em companhia de Edson Palheta, pesquisador do Instituto Nacional de Pesquisas da Amazônia (INPA), passou quase um mês na zona do Baixo Rio Japurá tentando avistar ao menos um bando de uacaris. Ao conseguir, já havia sido enlaçado. Não por alguma tribo de índios agressivos ou um grupo de macacos gigantes, mas pela paisagem da intrincada rede de rios, lagos, paranás, furos, igarapés, restingas e igapós da várzea amazônica.

Naquela ocasião, escreveu Márcio: "(...) quase que acidentalmente deparamos com a entrada de um longo e tortuoso canal que desemboca no Lago Mamirauá. Percorremos o paraná por quase três horas (...). Em todo o percurso, uma grande variedade de capins flutuantes e outras plantas aquáticas navegava discretamente sobre as águas de cor preta, entre revoadas de garças, patos, socós, mergulhões e biguás."

Além de bichos e plantas, havia um grande número de pescadores dos grandes peixes, o pirarucu e o tambaqui e, também, caçadores de jacaré, que atendiam à demanda pela carne do réptil vinda de mercados fora de Tefé. Barcos carregados com toras retiradas da mata alagada igualmente faziam parte da paisagem. Era um enredo fiel ao padrão histórico na Região Norte, onde, desde os primórdios da colonização, patrões e comerciantes de centros um pouco maiores impõem relações desi-

A vazante das torrentes exibe as praias de areia e deixa à mostra o jacaré-açu, o maior réptil da América do Sul e o mais poderoso jacaré da Amazônia, que pode chegar a 6 metros de comprimento

Um biólogo diferente

Num zoológico alemão, um garoto brasileiro de 19 anos se depara com um macaco de pelos brancos e cara vermelha. Anos depois, o rapaz, já um biólogo graduado, decide se embrenhar nas matas inundadas da Amazônia em busca do tal primata. Seu nome era **José Márcio Ayres** e, de sua dedicação ao uacari-branco, despontaria o ensejo para aliar conservação da biodiversidade e preocupação social – bem como a manutenção da cultura cabocla. Idealista e carismático, deu vida à Reserva de Desenvolvimento Sustentável Mamirauá.

Natural de Belém, onde nasceu em 21 de fevereiro de 1954, José Márcio Ayres, filho de Manoel e Iza Ayres, formou-se em biologia pela Universidade de São Paulo (USP) e, em 1981, iniciou o mestrado em Socioecologia dos Primatas, no Instituto de Pesquisas da Amazônia (INPA). O doutorado em Primatologia foi feito na Universidade de Cambridge, na Inglaterra, em 1986.

Seu esforço como conservacionista teve reconhecimento internacional. Unesco, SCB (Society for Conservation Biology), Rolex e WWF-Internacional estão entre as instituições que lhe premiaram em vida. Fatalmente, em 2003, Márcio Ayres faleceu, vítima de câncer de pulmão.

guais aos ribeirinhos. Para piorar, esse tipo de exploração é vista, quase sempre, como favorável pela gente simples do interior. A falta de opção pode tornar bom o que, na verdade, é ruim.

Astuto, visionário, Márcio enxergou naquele quadro a necessidade iminente de criar uma área protegida por lei. Deu-se conta, desde aquele instante, que seus planos em relação a Mamirauá exigiam a participação dos habitantes na gestão da área e no manejo dos recursos. Como parte de seu projeto principal sobre o uacari-branco, deu vida a um estudo com o objetivo de caracterizar os tipos de vegetação da várzea do Médio Solimões. Em 1985, quando já havia conseguido que o Instituto Brasileiro de Desenvolvimento Florestal (IBDF) sancionasse uma medida para a proteção do Lago Mamirauá e de seu entorno, encaminhou a proposta para a criação de uma Estação Ecológica ao Governo do Estado do Amazonas. Cinco anos e muita diplomacia depois, em 1990 a solicitação foi atendida.

Foram necessários ainda mais seis anos de negociações políticas até que, em 1996, a classificação da área fosse alterada, por meio de um decreto estadual, para Reserva de Desenvolvimento Sustentável (RDS), um modelo que tem por propósito assegurar a conservação da biodiversidade e, ao mesmo tempo, garantir a melhoria da qualidade de vida e a valorização das tradições da população local. Nascia a primeira Unidade de Conservação (UC) do Brasil na qual estavam contemplados plantas, animais selvagens e homens. Nos anos seguintes, inspiradas em Mamirauá, mais de dez outras RDS

« **Seja para as árvores ou para as plantas aquáticas, os seguidos meses de inundação exigem níveis de adaptação elevados. Embora a variedade de plantas seja maior no chão firme, na várzea há mais espécies endêmicas**

seriam criadas na Amazônia brasileira.

Com 1.124.000 hectares (ou 11.240 km², mais da metade do tamanho do Estado de Sergipe), a Reserva de Desenvolvimento Sustentável Mamirauá é a maior Unidade de Conservação brasileira destinada à proteção de florestas de várzea. Posicionada na confluência dos rios Japurá, Solimões e Auati Paraná, a 1.600 km de distância da foz do Amazonas, trata-se de um cenário dominado pela dinâmica da água, que impõe adaptações à vegetação e aos animais. Quem sobrevoa a área tem a impressão de que o manto verde das árvores tem extensão infinita. Ao norte, ele se estende até a fronteira com a Venezuela; ao sul, se desenrola até os limites da Bolívia; a oeste, a cinco dias de barco, o rio segue sua jornada até Colômbia e Peru; enfim, a leste, está Belém.

Elevado índice de endemismo

Esse imenso complexo aquático é regido, em Mamirauá, por duas estações muito distintas. As chuvas fortes que chegam com o fim do ano se estendem até meados de junho, enquanto o período de estiagem, iniciado em agosto, traz consigo a vazante dos rios. É quando ficam expostas as praias de areia, repletas de aves e jacarés. É, também, tempo de encher a canoa com a safra do pescado. Já na cheia, as águas transbordam dos caudais das torrentes e penetram nas enormes planícies da várzea, dando origem a lagos e igapós, como são conhecidas as matas sazonalmente inundadas.

O nível das águas pode aumentar até 12 metros – conforme as chuvas iniciam sua trégua, dá para ver as marcas d'água no tronco das árvores. A selva alagada na

→ As várias tonalidades de verde exibidas pela vista aérea da Reserva de Desenvolvimento Sustentável Mamirauá dão uma ideia da biodiversidade local

⤊ A cigana é muito comum nas matas inundadas.Um par delas exibe seu voo desengonçado sobre o Lago Mamirauá

≫⤊ Entre os mamíferos encontrados no igapó, as preguiças estão bem adaptadas para o consumo de folhas, como demonstra a preguiça-comum ao se banquetear com a vegetação próxima ao Cano do Apara

≫≫ A exemplo do que acontece em terra firme, as flores do igapó contam com vários recursos para atrair polinizadores. A mata densa da selva tropical excluiu o vento desse papel

≫ Seja em quantidade ou diversidade, os insetos são os animais mais bem sucedidos da floresta pluvial

Amazônia ocupa mais de 100.000 km² e, embora a área de igapó corresponda a pouco mais de 2% do total da Grande Floresta, isso representa um território maior que o da Inglaterra. Em rios volumosos como o Purus e o Japurá, pode-se viver a experiência surrealista de, num pequeno barco, remar por várias centenas de quilômetros, subindo ou descendo o rio, sem nunca sair da sombra do igapó[1].

É preciso ser forte para sobreviver a tantas variações. Fauna e flora encontradas nesses ambientes ostentam um elevado índice de endemismo, ou seja, só existem na várzea. No caso dos animais terrestres, se, por um lado, o número de espécies que conseguem resistir a condições tão extremas é limitado, por outro, propicia o surgimento de adaptações únicas[2]. Já os peixes apresentam maior variedade nessa área de várzea do que em outros pontos da Amazônia.

Regra semelhante, por sinal, vale para o homem. A gente aguerrida de Mamirauá

levantou suas palafitas na beira dos rios Solimões e Japurá, nos quais se encontram a maioria dos 63 assentamentos contemplados pela Reserva de Desenvolvimento Sustentável. São mais de 6.500 pessoas, entre comunitários (moradores inseridos no interior da reserva) e usuários (vivem fora dos limites da Unidade de Conservação, mas tem o direito de pescar nos lagos). Antes, muito mais gente pescava, caçava e derrubava árvores nessa área. Barcos pesqueiros de grandes proporções vinham de Manaus para tirar proveito da profusão de peixes dos lagos de várzea e voltavam para a capital com toneladas de pescado. Para o meio ambiente e para a mesa do almoço das famílias ribeirinhas, as consequências eram desastrosas.

Com a implantação da RDS Mamirauá, teve início uma exploração mais adequada dos recursos. Os efeitos seguem na direção do significado dado pelas Nações Unidas sobre o que é desenvolvimento sustentável: é aquele capaz de suprir as necessidades das gerações atuais sem esgotar os recursos para o futuro. Em Mamirauá, há ainda outra preocupação, que é garantir o aprimoramento das técnicas

Com pouco mais de 60 mil habitantes, a cidade de Tefé, a mais importante do Médio Solimões, sedia a base do Instituto de Desenvolvimento Sustentável Mamirauá

tradicionais dos caboclos e, dessa forma, assegurar uma melhor qualidade de vida. Esse conceito é aplicado de diversas formas, muitas delas inovadoras para os comunitários. Para ficar em poucos exemplos: na captação de água da chuva para beber (mais potável do que a dos rios), no uso de fossas para dejetos, nos meios de produzir energia solar, no acompanhamento do cultivo da mandioca e na fiscalização comunitária dos lagos, para evitar a entrada de barcos invasores.

A respeito desse último ponto, pode-se ter uma ideia do fluxo de embarcações no passado ao se navegar pelo Lago Tefé, que banha a cidade à qual emprestou o nome. No porto local, imensos barcos vindos de Manaus descarregam sacos de farinha, arroz, cerveja, refrigerante e outros mantimentos. No convés de cada um deles, espalhadas por dois ou até três andares, estão instaladas as redes dos passageiros, muitas vezes famílias inteiras, dispostas a navegar no mínimo 12 horas — dependendo do tipo de motor, até vários dias — para chegar ao seu destino. Quem vem de outras regiões do país logo percebe uma diferença marcante na Amazônia: casas e prédios

comerciais em vilas e municípios estão voltados de frente para a água. Nunca de costas, como acontece no Sul e Sudeste. É que o coração amazonense é líquido.

Rio, no Amazonas, é estrada, fonte de alimento e de lazer. Em Tefé, cidade com mais de 60 mil habitantes, quase tudo é ilusão: carros e motos (parece haver quase tanta moto quanto gente!) foram trazidos de barco. As poucas estradas que deixam o município desaparecem depois de alguns quilômetros, seja no aeroporto ou em pequenos núcleos agrícolas, e a floresta impõe-se outra vez[3]. No mercado, é possível se ver mais ainda da Amazônia, com peixes e frutos de aspecto, nomes e paladares exóticos, mas saborosos. O calor absurdo castiga na margem. Dentro do barco, onde a brisa sopra, é mais agradável.

No lago, por entre as embarcações maiores, passam canoas de vários tamanhos. A maioria transporta apenas dois homens, ainda que algumas venham ocupadas por famílias inteiras, nas quais as mulheres fazem uso de sombrinhas para se protegerem do sol. Vistos de outro barco, a impressão que se tem é a de que parte do corpo dos passageiros viaja imersa no rio, tal é a proximidade do deque com a linha d'água. Alguns estão carregados com caixas de gelo e provisões que levam às comunidades — suprimentos que deverão durar pelo menos um mês. A parada nas peixarias, postos de combustível ou, se necessário, oficinas mecânicas flutuantes, antecipa o adeus à cidade. Além do espaço físico, paranás, igarapés e furos parecem cruzar alguma linha imaginária do tempo, que desemboca em Mamirauá.

Os próprios moradores vigiam os lagos

Esse mesmo trajeto é percorrido constantemente pelos pesquisadores que trabalham no Instituto de Desenvolvimento Sustentável Mamirauá (IDSM), entidade social contratada pelo Ministério de Ciência e Tecnologia para administrar a reser-

» Em 2009, os moradores foram surpreendidos por uma cheia ainda maior do que o de costume. Nem mesmo as palafitas foram suficientes para assimilar o aumento inesperado do nível das águas, o que levou as pessoas a elevarem o assoalho das casas

↓ A comunidade da Boca do Mamirauá é muito receptiva às inovações propostas pelo instituto. Ali funciona, por exemplo, um projeto de artesanato em palha que gera renda mensal às famílias

↑ O Projeto Boto tem base própria, voadeiras e média de três pesquisadores permanentes em campo. Todos os dias, os biólogos saem de barco para registrar as atividades dos animais

→ A bem equipada sede do Instituto de Desenvolvimento Sustentável Mamirauá, no município de Tefé, é um dos motivos pelos quais se tornou uma das mais importantes instituições de pesquisa da Amazônia Brasileira

→ Em frente ao porto da cidade de Tefé, há inúmeras construções flutuantes, entre elas, peixarias, postos de combustível e uma base de apoio do Instituto de Desenvolvimento Sustentável Mamirauá

va – para facilitar a gestão, houve a divisão com a Sociedade Civil Mamirauá (SCM), que é a organização não-governamental responsável por captar recursos para o IDSM. A frequência das viagens depende da demanda relacionada ao tema. Há quem fique por meses nas bases de projetos, sem praticamente voltar à cidade.

Quem fica na sede, em Tefé, desfruta de prédios modernos, com ar condicionado, comparáveis apenas às instalações do Exército Brasileiro na cidade. Além da excelente base, o IDSM conta em seu patrimônio com 16 bases flutuantes, 4 barcos com motor de centro a diesel, 65 voadeiras, 5 carros, 2 motocicletas, 22 bolsistas e 142 empregados. Entre esses últimos, estão alguns ribeirinhos nascidos e criados nas comunidades dentro da reserva. É gente que toma parte nas várias linhas de atuação ao lado dos pesquisadores e tem carteira assinada.

É claro que muitos comunitários aderem aos projetos sem receber salário. O interesse é deles, já que, por exemplo, são os próprios moradores que atuam na vigilância dos lagos. Quem não está autorizado não pode pescar. Há sempre um líder comunitário – eleito pelos próprios – responsável por garantir que esse trabalho seja feito de forma adequada. Cada grupo elege o seu dirigente e os conjuntos de comunidades organizam-se em setores, respondendo a um coordenador. Há oito setores nos dias de hoje em Mamirauá, responsáveis por decidir de forma conjunta a respeito da

UACARI
FLUTUANTE
BASE
mamirauá

administração dos recursos e das questões relacionadas à vida em comum.

Acomodadas na região desde o início do século passado, essas pessoas sobreviveram, durante muito tempo, dependendo da economia gerada pela produção da borracha. Para Euclides da Cunha, o "seringueiro realiza uma tremenda anomalia: é o homem que trabalha para escravizar-se". Entre os anos de 1890 e 1910, a produção amazonense correspondia a 40% do total mundial, o que atraiu muita gente. Em 50 anos, a população no Estado saltou de 57.610 (censo de 1872) para 1.439.052 habitantes (1920). No entanto, em função da concorrência asiática, por volta da década de 1920 a produção da borracha entrou em rápido declínio.

O resultado seria um longo processo de isolamento e estagnação, que culminou na debandada dos antigos seringueiros: partiram dos pontos de extração do látex, mais a oeste, para outras localidades. Vários dos assentamentos na Reserva Mamirauá tiveram essa origem – sorte de quem apontou a canoa no sentido do Médio Solimões. Mal poderiam imaginar que, no longo prazo, fariam parte de um novo projeto para a Amazônia brasileira. Fácil não foi, ou melhor, não tem sido. "É um trabalho para sempre", dizem os pesquisadores.

Os estoques de peixe aumentam a cada ano

Como costuma acontecer quando se trata de um novo ciclo, uma parte considerável dos habitantes de Mamirauá resistiu às mudanças. Durante o processo de implantação da reserva, a aproximação dos cientistas com a comunidade rendeu uma boataria farta: de que os moradores "não vão poder tirar uma vara" ou que a "ecologia" e os "estrangeiros" iriam "tomar conta de tudo". Em alguns assentamentos filiados a igrejas protestantes, os integrantes das equipes ligadas ao projeto eram chamados de "anticristos" e, com relação à preservação da natureza, ouviam dos comunitários que "o que Deus põe no mundo não acaba" ou "se acaba, é porque Deus quer". Em tempo, Ele não quis.

Um inglês na selva

O autor do relato a respeito do uacari-branco que tanto influenciou o trabalho de Márcio Ayres, o naturalista inglês Henry Walter Bates nasceu na cidade de Leicester, em 1825. Era autodidata e abandonou a escola aos 12 anos de idade para se dedicar ao estudo dos grandes nomes da época. Viajou para a América do Sul em 1848, na companhia de seu colega Alfred Russel Wallace. Bates fica por 11 anos no Vale do Amazonas, 7 a mais do que Wallace. Nos primeiros 2 anos, a dupla perambulou junta, partindo de Belém a caminho do Baixo Rio Tocantins, depois, a Tapajós e ao Alto Amazonas (onde conhecem a arara-azul grande, hoje em risco de extinção), para, enfim, chegar a Santarém, onde se separam. Wallace sobe o Rio Negro, enquanto Bates permanece nos arredores.

Anos depois, ele vai a Egas, atual Tefé, para desbravar o Médio e Alto Solimões e vários de seus afluentes. Na várzea, presencia o dia a dia de diversos animais, entre eles, o uacari-branco. Bates retorna à Inglaterra em 1859, vencido por incontáveis surtos de malária. Nunca mais realiza outra expedição nesses moldes. Falece aos 62 anos, em 1892, de bronquite. Sua maior contribuição científica foi descrever o mimetismo (espécie de camuflagem entre as espécies, para confundir os predadores) em algumas variedades de borboletas amazônicas, tese que corroborou com a então recente Teoria da Evolução, de Darwin.

Pouco a pouco, a insistência dos pesquisadores surtiu efeito, embora apoio de verdade só mesmo quando os resultados começaram a aparecer. Fica bem mais fácil envolver a comunidade na conservação e manejo a partir do momento em que há efeitos práticos, como o aumento da renda e melhorias nas condições de saúde e educação. Talvez o exemplo mais difundido na reserva seja o manejo de pesca do pirarucu, o maior peixe da Bacia Amazônica, um predador formidável com até 3 metros de comprimento e 250 kg. Vem sendo pescado há séculos na região e estava em acentuado declínio antes da chegada do Projeto Mamirauá. Às pesquisas a respeito dessa espécie, encabeçadas, sobretudo, pelo biólogo Helder Queiroz, seguiram-se a elaboração e implantação de um sistema de levantamento de estoque e de manejo da pesca sustentada.

Nos dias atuais, dentro da área da reserva, a exploração comercial está subordinada às associações de pescadores, com determinação de cotas anuais para cada indivíduo, que, por sua vez, poderá pescar mais ou menos conforme sua participação nos cursos e encontros promovidos, obediência às normas de manejo e auxílio no sistema voluntário de vigilância dos lagos. Os estoques do peixão aumentam a cada ano, assim como o número de adeptos à proposta.

» No Lago Preto, na cidade de Maraã, área de abrangência do projeto de pesca manejada, um ribeirinho puxa um grande pirarucu para dentro de sua embarcação. A espécie foi recuperada na região graças à interferência dos pesquisadores

↓ Caboclo em sua canoa, de chapéu na cabeça para se proteger do sol equatorial, e arpão preparado para a pesca do pirarucu: cena simbólica na várzea amazônica e uma prática herdada dos indígenas

Dentre outras, a reserva tem essa consequência magnífica: é um berçário para uma porção de espécies animais caçadas em vários locais da Amazônia. Escassas nos rios afora, em Mamirauá elas apresentam um número satisfatório. Nessas várzeas protegidas, podem crescer antes de partirem para os pontos nos quais irão saciar a fome de algum ribeirinho. É a ciência como ponto de partida para transformações sociais e ambientais. Eis o tripé central em que, há mais de 20 anos, o sonho de Márcio Ayres se sustenta, ou seja, a união entre pesquisa científica, preservação da natureza e melhoria da qualidade de vida da população por meio do uso sustentado. E não é só com o pirarucu. Jacarés-açu, peixes-boi e botos-vermelhos estão entre os muitos bichos que o Projeto Mamirauá ajudou a recuperar.

As pessoas também tiram proveito. Com mais e maiores pirarucus, podem vender a um preço melhor. Nas comunidades nas quais houve intervenção de um ou mais projetos do Instituto de Desenvolvimento Sustentável Mamirauá, a renda média domiciliar cresceu 107% entre 1998 e 2004. Nesse mesmo período, o índice de mortalidade infantil na área passou de 86 para 18 em cada mil crianças nascidas. E isso sem falar na produção científica, que, nos dias atuais, já gabaritou o Mamirauá como a terceira instituição de pesquisas na Amazônia, atrás apenas do Museu Paraense Emílio Goeldi, em Belém, e do Instituto Nacional de Pesquisas Amazônicas (INPA) – ambas entidades com mais de 50 anos de vida.

→ Desde cedo, os pequenos se familiarizam com animais perigosos e de proporções extremas, como onças, sucuris e jacarés

→→ Os traços indígenas de grande parte da população local estão patentes no rosto das crianças. Na Vila Alencar, não é diferente

Se, desde sempre até meados do século 20, expedicionários europeus e americanos aportavam no Rio Amazonas para dele levar relíquias arqueológicas e espécies da fauna e flora (a coleção de plantas amazônicas do Jardim Botânico de Nova York, por exemplo, é a maior do mundo), hoje, para qualquer estudo na área da reserva, pesquisadores estrangeiros precisam se submeter a um rigoroso processo de seleção, que inclui passar pelo aval do Ministério da Ciência e Tecnologia e pela direção do IDSM. A Amazônia brasileira tem dono.

Uma das mais bem sucedidas tentativas em 500 anos

Se, por um lado, pesquisadores passam a vida sem esgotar seus temas na selva, por outro, nos grandes centros do Sul e Sudeste, são raras as pessoas que já estiveram na floresta, que puderam ouvir o grito grave do bugio, um de nossos maiores macacos, pela manhã ou no fim da tarde. Sedutores, também, são os voos do imenso gavião-real, os causos dos caboclos, a raiz colossal da samaúma, os banhos de rio, o céu e a mata refletidos nas torrentes de águas negras e o fim de tarde de dentro do barco, instante no qual várias tonalidades de luz colorem o horizonte antes do mergulho na escuridão profunda ou, como escreveu Milton Hatoum, célebre escritor amazonense, até o ponto em que a "superfície escura do remanso alcançava o céu".

O brasileiro se indigna com as notícias sobre madeireiras ilegais e tem um sentimento ufanista despertado sempre que se fala em Amazônia, porém, é um cuidado ausente. Em 500 anos, Mamirauá é uma das mais bem sucedidas tentativas de ajudar a alterar esse quadro. E tudo porque um brasileiro destemido resolveu ir atrás de seu sonho dourado: um macaco branco.

As Unidades de Conservação no Brasil

No Brasil, quando se trata do âmbito federal, há dois tipos de Unidades de Conservação: a Integral, na qual a presença de moradores é proibida por lei, e a de Uso Sustentável, que permite populações humanas, mas alia a preservação da natureza com o uso controlado dos recursos. Dentro desses dois modelos, há várias divisões, condizentes – na maioria dos casos – com as realidades locais. Além disso, cada uma tem o seu Plano de Manejo próprio. O primeiro parque nacional brasileiro foi Itatiaia, no Rio de Janeiro, criado em 1937 (65 anos depois de Yellowstone, o primeiro da modalidade nos EUA e no mundo).

Hoje, apenas 3% do território nacional é ocupado por Unidades de Conservação de Proteção Integral. Entre as que admitem pessoas, a mais conhecida e pioneira é a Reserva de Desenvolvimento Sustentável Mamirauá, que acabou por inspirar as demais. Ela também forma o maior Corredor Ecológico do país ao se unir à Reserva de Desenvolvimento Sustentável Amanã e ao Parque Nacional do Jaú (juntas, somam mais de 57.000 km^2). Esse tipo de continuidade geográfica é essencial para garantir a variabilidade genética das espécies e sua conservação.

» As sapopemas, como são chamadas as grandes raízes tubulares das samaúmas, sustentam dezenas de metros de altura da árvore conhecida como a Rainha da Floresta

Projetos sustentáveis

Sandro estava chateado. Sozinho na sala de aula, enquanto as crianças brincavam do lado de fora, se preocupava com a resistência de alguns setores locais com relação às novas idéias trazidas pelo Instituto de Desenvolvimento Sustentável Mamirauá sobre a educação ambiental. Um dos maiores obstáculos era fazer com que todos os envolvidos no Programa de Educação Ambiental aceitassem a proposta de levar para dentro da sala de aula elementos do dia a dia dos ribeirinhos em vez de métodos tradicionais. Ele achava que não podia usar referências do Sul e Sudeste para ensinar as crianças locais. Nesse momento, surge uma criança que estava aprendendo a ler. Tinha uma dúvida: no quadro didático com letras e imagens, apontou para uma pequena fruta roxa, ao lado da qual estava escrito a palavra "uva". "Professor, está errado, açaí não se escreve com u."

Antes de entrar no IDSM, Sandro era missionário da Igreja Católica. Ao todo, são quase 20 anos na região, com muitas histórias inusitadas. Mas essa, em especial, o emociona. Para quem trabalha em frentes pioneiras em comunidades nos confins da floresta, não pode haver retorno mais gratificante do que o comentário espontâneo de uma criança. O menino não conhecia uva. Nunca havia provado, nem ouvido falar. Por outro lado, como bom filho da Amazônia, era íntimo do açaí.

⋘ Inserida na planície alagável dos rios Solimões e Japurá, dentro da Reserva Mamirauá, a Pousada Uacari tem um conjunto com sete flutuantes de madeira e telhado de palha. Os turistas, em sua maioria, são estrangeiros, e os lucros são revertidos para as comunidades próximas

⋙ Entre outras iniciativas, o Projeto de Educação Ambiental do Instituto de Desenvolvimento Sustentável Mamirauá trabalha com a formação socioambiental dos alunos das zonas urbana e rural

Desde quando habitava os sonhos de Márcio Ayres, Mamirauá tem por princípio não somente preservar a natureza, mas também garantir a qualidade de vida do caboclo dentro de suas tradições. A distância da Amazônia para o país das metrópoles industriais e superpovoadas do Sul e Sudeste não é apenas geográfica.

A caminho da integração e pela união da ciência com ações ambientais e sociais, Mamirauá tem chamado a atenção no ambiente da Amazônia. A coexistência de pesquisadores e comunitários promovida pelo IDSM abre seus braços sobre as mais diversas áreas: agricultura familiar, exploração sustentada da madeira, manejo de pesca, gestão compartilhada da Pousada Uacari (que fica dentro da reserva), ecoturismo, bases comunitárias para estudo e tratamento de espécies animais e muitos outros projetos. Cada núcleo tem um coordenador e a participação dos ribeirinhos se dá na forma de empregados assalariados ou como voluntários, moradores da reserva que trabalham para o projeto sob a perspectiva de obter benefícios. Os pesquisadores se valem dos programas para desenvolverem suas pesquisas científicas, tendo sempre em mente algum ganho social para os caboclos e a preservação dos recursos naturais. É simples assim: tudo pelo desenvolvimento sustentável.

Educação ambiental e outras melhorias

Coordenado pela socióloga paraense Claudeise Nascimento, o Programa de Qualidade de Vida (PQV) está subordinado à Diretoria do Manejo dos Recursos e Desenvolvimento Social, parte importante do organograma do Instituto de Desenvolvimento Sustentável Mamirauá. O PQV se divide em quatro linhas: educação ambiental, saúde comunitária, tecnologias apropriadas (para incrementar os usos tradicionais) e comunicação social. A maioria das ações é realizada em parceria com as prefeituras locais e conta com o apoio financeiro de agências governamentais e não-governamentais. "Temos como meta trabalhar a conscientização dos comunitários sobre o manejo sustentado dos recursos naturais para a conservação da biodiversidade", explica Claudeise.

Em outras palavras, a base de todo o programa é educar os habitantes e usuários da Reserva Mamirauá para que possam utilizar os recursos da floresta de forma inteligente e contínua. Nesse sentido, o modelo de capacitação dos professores pelos educadores ambientais tem importância fundamental. No início, era um esforço centrado em dois ou três funcionários do IDSM, agora transformou-se num sistema de educação integrada por lideranças comunitárias, professores das redes municipal e estadual e colaboradores do Ibama. Foi, inclusive, replicado para a rede de ensino de várias cidades no Médio Solimões.

Quando os primeiros passos do Programa de Educação Ambiental foram implantados na Reserva de Desenvolvimento Sustentável Mamirauá, em 1996, o quadro era desanimador: 38% da população maior de 15 anos era analfabeta; faltavam material e merenda escolar; a escolaridade média dos professores rurais era até a quarta série do fundamental; por falta de luz, as crianças não podiam estudar à noite. Quando se trata da várzea amazônica, todas as dificuldades vêm acrescidas da obrigação de lidar com os períodos de chuva e estiagem. Durante o pico das cheias (abril a junho), as aulas costumavam ser interrompidas porque as escolas sofrem inundação ou servem de abrigo aos comunitários. Já na seca, estação em que muitas moradias são mudadas para locais mais próximos aos rios, o deslocamento dos alunos é extremamente complicado.

« Uma das primeiras iniciativas foi instalar escolas em quase todas as comunidades da reserva, como, por exemplo, na Boca do Mamirauá

» Na várzea, assim como acontece com as casas dos ribeirinhos, também as escolas são construídas sobre palafitas. As cheias dificultam o acesso dos alunos residentes em áreas mais distantes

ESCOLA MUNICIPAL
P. LUZIVALDO CASTRO
SEMED – ALVARÃES

A capacitação de professores é feita por meio de oficinas sobre diversos temas, da construção de um projeto ambiental a noções de ecologia. Esse conhecimento auxilia no diálogo com os alunos da área rural de Tefé

Apesar das dificuldades, a iniciativa do IDSM atingiu marcas significativas. Nos primeiros cinco anos do Programa de Educação Ambiental, 75% das crianças entre 10 e 14 anos em Mamirauá já haviam sido alfabetizadas. Nesse mesmo período, escolas foram implantadas e professores capacitados em quase todas as comunidades das reservas Mamirauá e Amanã. Além disso, a partir de 2003 tiveram início os programas de Educação para Jovens e Adultos, por meio dos quais foi possibilitada a continuidade dos estudos da quinta à oitava séries. A prefeitura da cidade de Alvarães fornece embarcação para transportar diariamente as crianças das vilas Alencar e Caburini, situadas dentro da Reserva Mamirauá, para assistirem às aulas na zona urbana.

O trabalho envolve ainda a produção de material didático baseado na realidade local e capacitação de agentes ambientais mirins. Hoje, são cerca de 80 crianças espalhadas por várias comunidades e responsáveis por multiplicar os conhecimentos adquiridos. A ideia é fazer com que as populações locais não tenham um discurso vazio a respeito da gestão do espaço. "Explicamos e debatemos temas atuais ligados diretamente à Amazônia, como as mudanças climáticas no mundo", conta Claudeise.

Além da educação ambiental, o núcleo do Programa de Qualidade de Vida atua em outras diretrizes responsáveis por benefícios diretos no dia a dia dos caboclos, como, por exemplo, instalar rádios comunitárias e promover oficinas para a construção de fossas. Essas inovações simples costumam ser aplicadas antes em povoações com boa receptividade, para, num segundo momento, serem expandidas para outras localidades. Por conta disso, algu-

⤊ Escolas de Tefé também participam de programa de educação ambiental, que faz referência a itens presentes no dia a dia dos caboclos como forma de facilitar a aprendizagem

⯇ A participação de jovens nas rádios comunitárias tem vários objetivos. Entre eles, fazer com que os amazônidas tradicionais tornem-se produtores e não apenas receptores da comunicação mediada pela tecnologia

mas vilas se tornam modelos das transformações na vida dos ribeirinhos.

Umas das mais receptivas é a comunidade de São Francisco do Aiucá, na Reserva de Desenvolvimento Sustentável Mamirauá. Quem passa pelo vilarejo se depara com uma paisagem pacata, na qual as palafitas de madeira, o azul do céu e as nuvens brancas, têm suas imagens refletidas na água escura, à beira da qual as canoas esperam pela próxima pescaria. Na grama verde, crianças brincam, observadas de longe pelas árvores ao fundo. A calmaria aparente esconde a verdade: há muito coisa acontecendo no Aiucá.

Para constatar, basta bater à porta de Maria Amélia, a Dona Morango. Aos 55 anos de idade, a antiga moradora divide a casa simples com seus dois filhos gêmeos, de 13 anos, e um irmão. Por meio das parcerias estabelecidas pelo Instituto de Desenvolvimento Sustentável Mamirauá, a palafita da família tem mais tecnologia do que aparenta. Do lado de fora, numa janela lateral, uma pequena torre com um painel capta a energia dos raios emitidos pelo sol, que, por sua vez, é transmitida por um sistema de postes com fiação para uma bateria dentro da casa, na qual é feito o armazenamento. É assim em outras 24 palafitas do Auicá.

"Antes da energia solar, moço, eu não podia acordar de madrugada. Tinha de esperar pelo sol", diz Dona Morango. A mudança lhe permitiu chegar mais cedo na roça. "Agora posso levantar e ficar pronta. Quando vem o dia, já posso sair", completa. O sistema não suporta a força exigida por itens do porte de uma geladeira, mas é suficiente para a iluminação da casa e para aparelhos menores, como televisores. Além do mais, permitiu a aposentadoria das chamas das lamparinas – uma combinação perigosa com as moradias de madeira. "Era difícil. Teve casa aqui que pegou fogo. Minha falecida mãe era parteira

Na Boca do Mamirauá, dois exemplos de projetos de desenvolvimento sustentável em um só: a rádio comunitária funciona à base de energia solar, captada pelo painel ao lado da palafita

e cansou de pegar criança no escuro", recorda a ribeirinha. "Me sinto mais gente quando acordo de madrugada pra ir ao banheiro e tem luz pra acender", relata Dona Morango.

Apesar dos vários ganhos, nada parece satisfazer mais os ribeirinhos do que poder assistir aos programas de televisão com frequência. "Importante destacar que a TV não é mera distração. Ela toca na questão da cidadania. Daqui, do interior da Amazônia, eles se sentem mais integrados com o restante do país por meio dos noticiários nacionais." A clientela, no entanto, tem outra preferência: "Eu gosto das novelas", conta Dona Morango. De qualquer forma, o benefício é fruto de uma parceria do IDSM com o Instituto de Eletrotécnica e Energia da Universidade de São Paulo (USP), chefiado pelo professor Roberto Ziles. A gestão cabe aos próprios moradores, que determinaram uma taxa de 20 reais mensais para cada casa, depositados pelo presidente da comunidade numa conta de poupança criada para funcionar como um fundo: se algum equipamento quebrar, eles têm o dinheiro para o conserto.

Só que não parou por aí. Ao fundo da palafita de Dona Morango, o fogão à lenha – abastecido com madeira manejada, é claro – é mais uma amostra das melhorias simples e eficazes disponibilizadas por Mamirauá. "A ideia é que o uso dele permita a economia da energia para outras finalidades", explica Marco. Na cozinha simples, chama a atenção também a quantidade de garrafas pet. Mais ou menos duas dúzias, todas sem rótulo, cheias de água e empilhadas num canto. Trata-se de água captada da chuva, por sugestão da equipe do Programa de Qualidade de Vida. "É que o índice de contaminação por germes e bactérias é muito menor do que a do rio", elucida Marco Lopes. "Orientamos a deixá-las no sol por alguns dias. Esse aquecimento natural mata grande parte dos organismos causadores de doenças", completa o educador. Está em curso uma parceria do IDSM com a Fundação Amazônia Sustentável que vai mudar esse panorama no Aiucá ao dar origem a um reservatório de 5 mil litros para armazenar e tratar a água da chuva.

Por toda a Reserva Mamirauá, casas simples como esta, na Vila Alencar, contam com uma antena parabólica do lado de fora. A televisão, para esses brasileiros, não é apenas lazer, mas também uma forma de integração com ouras regiões do país

A Pousada Uacari e o artesanato

A Pousada Uacari faz parte do Programa de Ecoturismo do Instituto de Desenvolvimento Sustentável Mamirauá. Desde 2007, vem implementando o Sistema de Gestão Ambiental, por meio da certificação ISSO 14001, ligada à Certificação de Turismo Sustentável. Trata-se de mais uma iniciativa para promover a conservação da natureza e a melhoria da qualidade de vida da população. Os lucros da pousada são divididos entre as comunidades locais e os integrantes do sistema de vigilância voluntário. Além disso, há geração de renda na venda de produtos e serviços oferecidos pelos ribeirinhos aos visitantes. Em torno de 70% dos turistas hospedados na estrutura com sete casas flutuantes – todas interligadas por meio de passarelas e cobertas com palha – é de estrangeiros.

A experiência de ecoturismo em Mamirauá, ao envolver a comunidade com o turista, se diferencia da prática comumente usada na maioria dos destinos nacionais. Foi assim desde os primórdios do programa, em 1998, quando tiveram início as pesquisas e os estudos de viabilidade para o planejamento turístico, implantação da

↑ Uma das atividades previstas no Programa de Ecoturismo é a saída de barco, que pode ser motorizado ou não. O encontro com animais, como botos e ciganas, é quase certo

↓ A infraestrutura da Pousada Uacari seguiu regras de mínimo impacto ambiental e os comunitários foram capacitados para se tornarem os gestores do empreendimento

↟ As trilhas oferecem ao visitante duas experiências distintas, dependendo da estação na qual ele faça a sua viagem. Na seca, os trajetos são percorridos a pé, pelo interior da mata. Na cheia, só mesmo de canoa

↠↟ A navegação a remo pelo igapó beira o surrealismo. Onde mais, se não na floresta alagada da Amazônia, seria possível passear de barco tão próximo à copa das árvores?

↠ Nas visitas às comunidades, os turistas passam a conhecer a história, o modo de vida e as tradições da população local. Na outra página, rede de pesca e açaizeiros na Vila Alencar

infraestrutura de mínimo impacto e a capacitação dos comunitários para a gestão da pousada e a oferta de serviços. Para os turistas, a troca é enriquecedora. A densidade da mata esconde os bichos, que não estão à mostra como, por exemplo, no Pantanal. No entanto, com a condução dos caboclos, não é difícil avistar guaribas, macacos-prego, macacos-de-cheiro, jacarés, preguiças, aves e botos. De quebra, há outra vantagem exclusiva: o volume de informação proveniente das pesquisas e até mesmo o contato com os estudiosos.

Trilhas, lagos e igapós são os caminhos percorridos para o avistamento de animais, mas também é possível visitar as povoações e se inteirar sobre o modo de vida dos ribeirinhos. Ao todo, 7 comunidades integram o Programa de Ecoturismo e as pessoas participam em diversos níveis: como guias, na prestação de serviços de hotelaria, no gerenciamento da pousada, nas tomadas de decisão, na divisão de excedentes, no fornecimento de produtos e na venda de artesanato.

Uma comissão com membros de todas as comunidades do Setor Mamirauá, onde está a pousada, avalia a participação de cada vila e seu respeito às normas de conduta para efetuar a divisão dos lucros. Para ter acesso ao dinheiro, as lideranças devem apresentar um projeto de desenvolvimento. Vários deles já foram aprovados, com destaque para a construção de centros co-

⇑ De forma indireta, o Programa de Ecoturismo serviu de incentivo para a produção de artesanato e itens típicos, como doces e farinha de mandioca, que são vendidos aos turistas

⇛ O artesanato privilegia os produtos da floresta, como cipós, folhas de palmeiras, frutos e sementes. Colares e brincos fazem a festa dos hóspedes da Pousada Uacari

⇓ Miniaturas de animais ou de utensílios domésticos da Amazônia feitos em madeira manejada também fazem parte das peças fabricadas pelos comunitários

munitários, a compra de rádios de comunicação e de embarcações para uso partilhado. O ecoturismo representa para essas pessoas um complemento de renda às atividades tradicionais de pesca e agricultura. Entre 1999 e 2006, o programa gerou cerca de R$ 631.000,00, o que aumentou muito o poder aquisitivo de algumas famílias.

No aspecto social, os moradores locais receberam capacitação com cursos de primeiros socorros, governança, alimentos e bebidas, condução de roteiros e outros. "Nosso objetivo é que, no futuro, algum comunitário que trabalhe na pousada fale inglês e tenha conhecimento científico", projeta Deuseni Martins, uma das gerentes da Pousada Uacari, moradora – com traços indígenas evidentes, diga-se de passagem – da Comunidade do Caburini.

O começo foi difícil. Marília Sousa, coordenadora do Programa de Artesanato, vivia em crise. Mais de uma vez pensou em jogar tudo para o alto. Recém-saída do curso de Ciências Sociais da Universidade Federal do Pará, em Belém, aterrissou em Tefé num período em que a Reserva de Desenvolvimento Sustentável Mamirauá era apenas um projeto em formação. O quadro fixo de pesquisadores contava com cerca de 15

pessoas – dez vezes menos do que hoje. "Era tudo muito pequeno. Morávamos todos na antiga casa do instituto. Brigávamos e nos divertíamos juntos, como uma família", recorda. Coube a ela, uma das primeiras sociólogas do IDSM, comprar uma confusão grande com as comunidades ribeirinhas: o papel político das mulheres. Dá para imaginar o motivo das crises.

Entre os chefes de família no Médio Solimões, o alvoroço foi grande. Com estruturas de convívio estabelecidas em séculos de isolamento no interior do Amazonas, os caboclos, notadamente machistas, viram, de repente, suas esposas influenciadas por uma jovem urbana vinda do Pará. "O pior é que vim com propostas acadêmicas carregadas pelo movimento feminista. Acreditava na mobilização política e na apropriação das mulheres do seu papel social", relata a pesquisadora.

Boa parte do academicismo de Marília não se sustentou diante da realidade local. "Que bom, né?", brinca. É que, às mulheres de Mamirauá, não interessava tomar partido nos debates e decisões da comunidade sem que, para isso, houvesse antes uma base. Contrariando tudo o que a pesquisadora havia estudado a respeito desse tema, elas pediram ajuda para, em primeiro lugar, desenvolver uma atividade econômica. Mais tarde, poderiam ter o espaço de mobilização política. Foi assim que, no ano de 1998, o Programa de Artesanato começou a tomar forma na reserva.

O trabalho começou a ser desenvolvido em cinco comunidades de Mamirauá e, em todas elas, a ideia das mulheres não era obter independência financeira, mas, sim, complementar a renda da casa. Dessa forma, poderiam ganhar o respeito dos maridos. Os métodos escolhidos foram o artesanato com produtos da floresta, como,

↓ No sítio São José, povoamento nas proximidades do Cano do Mamirauá, uma comunitária exibe o fruto de seu trabalho: cerâmicas feitas com argila, material abundante na região

por exemplo, cipó e folhas de palmeiras. Criações indígenas, essas técnicas eram praticadas somente pelas mais velhas.

O primeiro passo, então, foi perpetuar o conhecimento tradicional repassando-o às mais jovens. A essa altura, grande parte dos homens desdenhava a atividade — afinal, quem compraria os itens produzidos nas comunidades? Acontece que, a partir de 2001, outro programa se desenvolveu de maneira acelerada: o ecoturismo. Os hóspedes da Pousada Uacari foram os consumidores iniciais dos objetos produzidos pelas artesãs. Um impulso e tanto.

Com relação ao artesanato, o ecoturismo exigiu das mulheres um preparo e uma dedicação ainda maiores. Miniaturas dos utensílios usados no dia a dia foram as primeiras produções. Cestos, vassouras, tipitis (espremedor de palha, usado para amassar a mandioca) e peneiras estão entre os itens feitos até hoje, seja em tamanho natural para uso doméstico ou como souvenires. As colheres talhadas a partir de uma madeira branca chamada de molongó também fazem sucesso, assim como colares e pulseiras de sementes, uma demanda que partiu das turistas.

Na Reserva de Desenvolvimento Sustentável Amanã, as artesãs produzem cestarias de tala de cauaçu, uma palmeira amazônica, e de cipó-ambé, tingidos com corantes naturais como crajiru e urucu. Para encontrar o cauaçu, durante as cheias elas seguem de canoa pelo igapó. Depois de colhidas, as folhas largas são deixadas para amadurecer. "Na ponta do talo soltam uma flor, que, quando fica vermelha, já está na hora de tirar. Mas tem de ser rápida para separar o talo, porque ela murcha logo", ensina Sonia Maria da Silva Lima, artesã da comunidade Matusalém, em Amanã. Só em Mamirauá, são 30 famílias beneficiadas pela renda complementar vinda da atividade, com clientes até em Manaus, e cada mulher tira em torno de 50 e 300 reais mensais, dependendo do acesso a compradores e da dedicação à elaboração das peças.

→ Um dos objetos mais reproduzidos em miniaturas pelas artesãs é o tipiti, um cesto cilíndrico de palha no qual a mandioca é espremida

Preservação e geração de empregos

Com a paciência de quem costura o lençol da própria cama, Luís da Silva trança ponto a ponto da rede. "Estou já faz três dias neste serviço", diz, sem tirar os olhos do material, um tipo de rede de pesca bem fina, com algo em torno de 5 metros quadrados de tamanho – e ele trançou cada centímetro das bordas. Na terra firme da Casa do Baré, uma das estações do Instituto de Desenvolvimento Sustentável Mamirauá na Reserva de Amanã, o esforço tem um propósito: a rede cobrirá a parte de fora do cercado de madeira onde se encontram dois filhotes de peixe-boi. Com um espaço grande entre as tábuas, o cativeiro é invadido todos os dias por pequenos peixes, que incomodam e chegam a causar feridas nos mamíferos. "Deu trabalho, mas pensei na aperreação deles. Já estão presos, precisam ficar tranquilos", explica Luís. O bem-estar do peixe-boi vale muito.

A dedicação ao maior animal da Amazônia é extrema. Nascido no Amanã, Luís é funcionário do Instituto Mamirauá há três anos e mora na Casa do Baré. Nesse período, a rotina do ex-plantador de bananas é acordar às 6 horas da manhã, preparar a mamadeira dos filhotes de peixe-boi e alimentá-los. Depois, limpa feridas e faz medições semanais para acompanhar o crescimento e o ganho de peso dos bichões. "Desde que entrei para o instituto cuido deles. Também saio para pegar as plantas aquáticas que eles comem", relata.

» Caçado de forma excessiva desde o século 18, o peixe-boi, apesar de dócil, é o maior bicho da Amazônia. Adultos podem atingir 3 metros de comprimento e 500 kg de peso

»» Com a participação de ribeirinhos e pesquisadores, o Projeto Peixe-Boi Amazônico, do Instituto de Desenvolvimento Sustentável Mamirauá, abriga todos os anos filhotes órfãos da espécie ameaçada de extinção

Caçado há séculos na região, quase sempre para a subsistência, o peixe-boi amazônico apresenta um número cada vez maior de filhotes vivendo em cativeiro. Estima-se cerca de 100 desses animais abrigados em instituições em todo o país. Resgatados por funcionários, entregues por comunitários ou apreendidos por órgãos fiscalizadores, os órfãos da espécie costumam ser encontrados com ferimentos graves – na maioria das vezes, fatais. Isso porque uma das formas de caça mais disseminadas é extremamente cruel: os pescadores miram seus arpões nos filhotes, mas não desferem golpes mortais. A ideia é que o pequeno ferido atraía a mãe e seja abandonado após o abate principal.

A docilidade do peixe-boi também o prejudica. Por mais que, quando adultos, possam atingir os 3 metros de comprimento e os 500 kg de peso, não são nada agressivos. Ainda assim, na Amazônia, são

visados, principalmente pelos mais velhos, como uma caça capaz de comprovar a virilidade do sujeito. Na natureza, o tamanho é sua maior proteção, além da espessa cobertura, e eles quase não têm predadores – com a exceção do homem.

De qualquer forma, a baixa taxa reprodutiva e a longevidade da caça a esse animal o colocaram na lista das espécies ameaçadas de extinção no Brasil. Para garantir um controle local, o Instituto de Desenvolvimento Sustentável Mamirauá realiza, além dos cuidados aos filhotes resgatados, capturas periódicas de adultos em suas áreas naturais em Mamirauá e Amanã para que sejam medidos, pesados e marcados com uma numeração no flanco, para reconhecimento posterior. "Já há alguns anos, adaptamos cintos com rádios em 12 peixes-boi para monitorar suas rotas", conta Miriam Marmontel, coordenadora do Projeto Peixe-Boi Amazônico, do IDSM.

Como de costume, a principal tática dos pesquisadores do Instituto de Desenvolvimento Sustentável Mamirauá é envolver os comunitários. Desde 2001, o IDSM promove a criação de material didático – livro infantil e alguns murais, distribuídos pelas escolas das duas reservas – com o intuito de conscientizar moradores e usuários sobre a importância do animal e a necessidade de não consumir sua carne.

Por essas e outras, muitos moradores se afeiçoam aos filhotes. "Deixamos que as comunidades escolhessem os nomes dos indivíduos que tratamos", fala Miriam. Em 2009, foram acolhidos três filhotes, sendo dois machos (chamados de Alagoilton Solimões e Benedito Yavari) e uma fêmea (Chucra). O apoio dos comunitários é determinante, também, para a formação de uma base científica significativa em Mamirauá. As pesquisas levadas a cabo pelos cientistas na Reserva de Desenvolvimento Sustentável ganham muito com a colaboração dos caboclos, que cedem material biológico de peixes-boi mortos na área. Essa coleção de crânios, fezes, conteúdos estomacais, órgãos e tecidos do gigante das águas amazônicas leva a um maior conhecimento da espécie e de seus hábitos, favorecendo sua preservação.

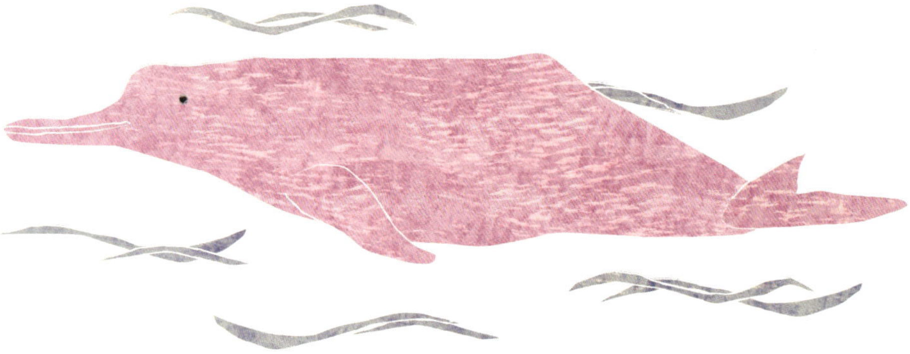

Produção científica e controle de migração

Outros mamíferos aquáticos acompanhados bem de perto são as duas espécies de boto da Amazônia: o boto-vermelho e o cinza, chamado também de tucuxi. Iniciado em 1993 e coordenado pela pesquisadora Vera da Silva, o Projeto de Pesquisa e Monitoramento de Botos já registrou quase 500 botos-vermelhos (as pesquisas estão mais concentradas neles) pelo método da marcação criogênica, em que um bloco de metal com uma letra, número ou símbolo, resfriado em nitrogênio líquido, é colocado na pele do animal capturado durante algum tempo. A marca dura praticamente a vida toda e auxilia a identificar a migração dos indivíduos, o número de golfinhos e quais distâncias eles percorrem.

Em torno de 150 deles (botos-vermelhos) são residentes em Mamirauá e a maioria não sai do Médio Solimões, viajando conforme o ciclo das águas. Alguns foram acompanhados desde o seu nasci-

mento e não saíram da região, contudo, um boto já foi avistado por pesquisadores alemães no Peru, a 1000 km de Mamirauá. O Projeto Boto é um dos mais consolidados da reserva. Possui base própria com lanchas voadeiras e média de três pesquisadores permanentemente em campo, além dos comunitários voluntários no projeto. Todos os dias, os biólogos percorrem os corpos d'água para registrar as atividades dos animais.

A proximidade dos golfinhos de água doce com as populações humanas os tornam mais vulneráveis à atividade predatória do homem. Por muito tempo, o boto-vermelho permaneceu estável na Reserva de Desenvolvimento Sustentável Mamirauá. No entanto, de alguns anos para cá, a pesca da piracatinga, um bagre apreciado na Colômbia e capturado pelos ribeirinhos brasileiros com iscas de carne de boto, começou a desestabilizar a espécie (leia quadro no capítulo 3). "Antes disso, eles eram mortos pelos comunitários, pois as pessoas tinham medo do boto. É um animal rodeado por muitas lendas", conta Virgínia Pujol, bióloga espanhola residente em Mamirauá.

Além da piracatinga, há o confronto natural entre os pescadores e os botos, já que ambos perseguem as mesmas presas: os peixes. Em pontos fora da reserva, como, por exemplo, no Lago Tefé, redes de pesca comercial podem capturar esses animais por acidente, o que, geralmente, é fatal. Nesses casos, os pesquisadores do IDSM orietam os ribeirinhos a, no caso de capturarem um boto, manterem a cabeça do animal para fora d'água até conseguirem soltá-lo. Assim como o ser humano, ele pode morrer afogado, já que também é um mamífero, e precisa respirar na superfície.

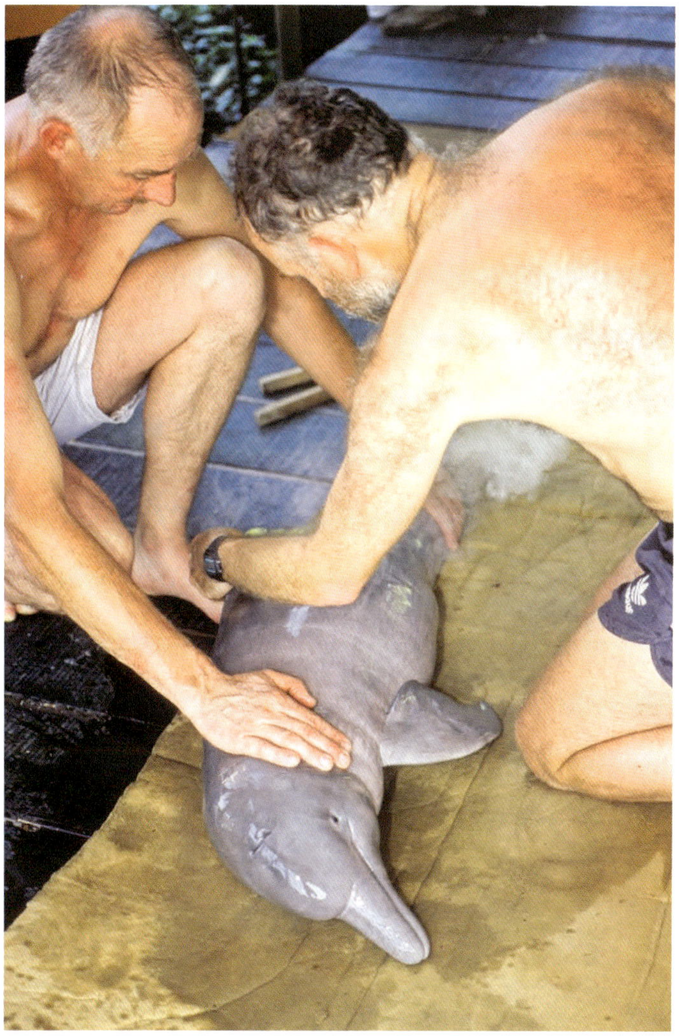

≪ Iniciado em 1993, o Programa de Pesquisa e Monitoramento de Botos já registrou cerca de 500 botos-vermelhos. Os cientistas descobriram que pouco mais de um quarto deles reside na reserva

≫⇑ Pesquisadores manipulam um filhote de boto-vermelho. Uma parte do trabalho consiste em capturar os animais e registrá-los com um símbolo na pele, feito por um método chamado de marcação criogênica (nitrogênio líquido)

A lenda do boto

A fauna fantástica dos rios amazônicos é um prato cheio à imaginação. Quase todos os grandes animais são cercados por lendas. Um dos mais míticos é o boto-vermelho. Não faz muito tempo, e, por medo, os caboclos no Médio Solimões não caçavam botos. "Mesmo hoje, alguns dos moradores mais antigos de Mamirauá não querem nem chegar perto desse animal", conta Marco Lopes, educador ambiental do Instituto de Desenvolvimento Sustentável Mamirauá, dando uma ideia da força dos mitos locais.

Uma das principais lendas amazônicas atribui ao boto os filhos de mães solteiras ou adúlteras. Conta-se que, nos festejos de junho, ele sai da água e se transforma no rapaz mais bonito da festa. Vestido de branco e sempre com chapéu (para esconder o grande nariz e o orifício na cabeça), seduz as moças desacompanhadas. Inebriadas pelo encantamento, são levadas para o fundo do rio e acabam grávidas. Nos povoados, a lenda é recrutada sempre que uma mulher engravida sem que se conheça o pai da criança. Nesses casos, a culpa é do boto.

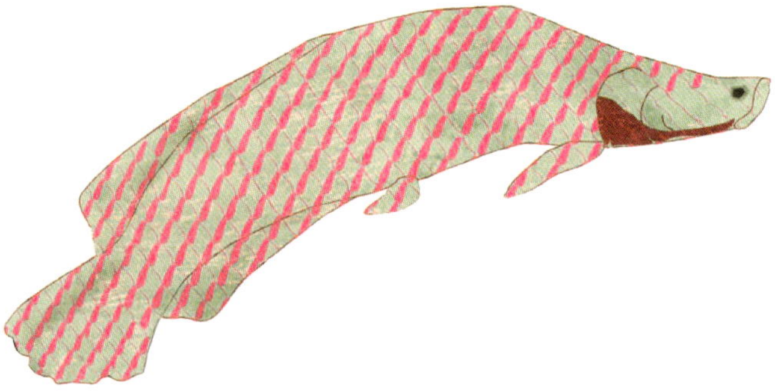

Manejo da pesca

Teclado eletrônico ligado no ritmo do forró e funcionando à base de gerador, Otacílio Feitosa, conhecido como Seu Mimi, canta. Dois de seus oito filhos, todos adultos, o acompanham, enquanto netos, noras e pesquisadores do Instituto de Desenvolvimento Sustentável Mamirauá dançam na sala da palafita de madeira. A música alta abafa os ruídos potentes da noite amazônica. Foi ali, à beira do Lago Amanã, dentro da reserva de mesmo nome, que Seu Mimi, hoje com 60 anos, ensinou aos filhos o que aprendeu com o pai e o avô, ambos vindos do Nordeste para a extração da borracha: a caça, a pesca, o gosto pela música e a valentia. "O povo fala isso aí de mim, mas não sou valente não. Nunca me meti numa briga. Agora, não gosto de ficar calado onde eu vejo que existe um certo direito. Isso não", diz, a sobriedade na voz e no olhar.

Antes da chegada do IDSM em Amanã, em 1998, foi assim – apenas com a valentia – que Seu Mimi defendeu o lago da comunidade. "Já cheguei a contar 10 barcos grandes aí na frente. Parecia uma cidade de tanta gente", recorda. Na falta de outro, cabia a ele, sujeito atarracado, de pele encrespada pelo sol forte, a tarefa de abordar os invasores e convencê-los a se retirarem. Muitas vezes, com um misto de simpatia e firmeza, atingia o objetivo. Explicava a falta que os peixes fariam às famílias, convidava os forasteiros para uma cantoria e pedia para irem pescar em outro lugar. Em muitas ocasiões, no entanto, a opção era se conformar, do contrário resultaria em briga feia. "Agora acabou isso. Esses barcos grandes vêm mais não".

Levou tempo para isso acontecer. Seja em Amanã ou Mamirauá, a criação das reservas gerou muito conflito. De uma hora para outra, empresas habituadas a tirarem do complexo de lagos toneladas de peixes, foram impedidas de frequentá-los. Para piorar, apesar da obrigação legal, a atuação do poder público na área sempre foi tímida. Cobrir uma região tão grande, tomada por um labirinto de corpos d'água, demanda gente e dinheiro – além, é claro, de vontade política. "A base da Polícia Federal no Rio Japurá tem apenas um homem. A sede do Ibama em Coari (município próximo) tem dois funcionários, responsáveis por quase meio Estado do Amazonas", aponta Paulo Roberto, coordenador de Fiscalização do Instituto de Desenvolvimento Sustentável Mamirauá. Sem a guarda adequada, as leis que proibiam a entrada de barcos vindos de fora existiam apenas no papel.

Márcio Ayres percebeu, então, que, para sua ideia funcionar, seria necessário envol-

» Na vazante, os caminhos são redesenhados pela ausência de água. Surgem varadouros, passagens no meio da mata, pelas quais os pescadores carregam suas canoas para chegar aos lagos mais distantes

»» De tão pescado em todo o Estado do Amazonas, o pirarucu teve sua captura proibida por lei. A exceção acontece na Reserva de Desenvolvimento Sustentável Mamirauá, onde a população do maior peixe de escamas do mundo se recuperou

ver os moradores na vigilância dos lagos, transformando-os em agentes ambientais voluntários. Com a ajuda do Ibama, organizou um curso para capacitar 15 pessoas de várias comunidades de Mamirauá. "Já havia um trabalho de monitoramento, incentivado por missionários da Igreja Católica. O que fizemos foi expandir isso", conta Paulo. Nos dias atuais, entre as reservas e o entorno, há 300 agentes ambientais formados, sendo que 50 deles seguem atuantes como vigilantes voluntários e outros 5 foram contratados. Esses últimos tiveram suas vidas ainda mais mudadas: por intermédio do IDSM, foram capacitados como guardas-parque em cursos no Sul e Sudeste do país.

Cabe a esses funcionários coordenar diariamente o monitoramento dos lagos nas Reservas de Desenvolvimento Sustentável Mamirauá e Amanã, tendo o apoio dos voluntários e à disposição a estrutura do IDSM: canoas, voadeiras, lanchas, alimentação, combustível, coletes salva-vidas, fardas, botas, capas de chuva, kit de primeiros socorros – muito diferente da valentia solitária de Seu Mimi. A comunicação acontece via rádio, inclusive com a sede em Tefé, quando necessário. "Mas o trabalho dos agentes envolve também o aspecto educativo. Quando flagram pescadores em infração, eles orientam a trabalharem de forma correta e com respeito à legislação", destaca Paulo Roberto.

Não é exagero dizer que o grande motivador dessa mobilização pela vigilância comunitária dos lagos foi o pirarucu. A importância do maior peixe de água doce com escamas do mundo (até 3 metros e 250 kg) entre os ribeirinhos amazônicos é histórica. De tão visado, foi um dos primeiros animais a terem sua pesca proibida legalmente no Estado do Amazonas, onde, ainda hoje, não pode ser capturado. Foi o esforço de Márcio Ayres que fez com que uma exceção fosse criada e, por conta da recuperação da espécie em Mamirauá, a pesca manejada do pirarucu está liberada para os moradores da reserva desde 1998. Em alguns rios do Norte, no entanto, ele é considerado quase extinto.

A cota a ser pescada na Reserva de Desenvolvimento Sustentável Mamirauá é determinada por um método de contagem tradicional, aplicado pelos caboclos, e que ganhou validação científica ao apresentar resultados muito próximos das técnicas recomendadas pelos pesquisadores. É que, por ter necessidade de vir à superfície respirar, o pirarucu pode ser avistado ou detectado por meio da audição, já que bate a grande cauda na água. Sem vê-los, os pescadores mais experientes são capazes de classificar os indivíduos da espécie entre juvenis e adultos. A partir dessa contagem, uma es-

« No Lago Preto, em Maraã, um homem retira da água um pirarucu. O trabalho de conscientização junto aos comunitários vem fazendo com que mais pessoas respeitem as quotas de pesca e o tamanho mínimo de cada peixe

Agricultura familiar

A agricultura é a atividade mais tradicional no dia a dia dos ribeirinhos na Amazônia e uma das mais remotas heranças indígenas. O cultivo da mandioca para a produção de farinha é o mais expressivo na mesa dos comunitários. O Programa de Agricultura do Instituto de Desenvolvimento Sustentável Mamirauá foi iniciado em 1994 e hoje, já expandido, atua em 25 comunidades da Reserva Mamirauá, atingindo quase 200 famílias. A iniciativa visa conservar as técnicas tradicionais de cultivo, mas, também, propagar entre os agricultores novos conhecimentos capazes de aumentar o valor da produção.

Outras metas importantes são uma melhora na dieta alimentar, a permanência do homem no interior e a implantação de culturas e alternativas econômicas que possibilitem, de forma progressiva, uma redução das áreas de desmatamento. O núcleo, coordenado pela bióloga Barbara Richers, também atua na distribuição de mudas de espécies madeiras e frutíferas, entrega de sementes de grãos, frutas e hortaliças. Além disso, em comunidades como a de São Francisco do Aiucá, o incremento na renda familiar ocorre por meio da criação de aves. "A ideia é aproveitar o que já é feito. Visamos a um sistema agroflorestal, aproveitando a reciclagem natural da floresta, mas com foco nas plantas produtivas", esclarece Barbara.

timativa é passada ao Ibama, que determina a cota a ser capturada naquele ano.

Além de poupar tempo e dinheiro, possibilita a participação direta dos ribeirinhos no manejo de pesca. O modelo deu tão certo que os caboclos do Setor Juruá, um dos integrantes da Reserva Mamirauá, foram ao Peru e à Guiana ensinar o método aos pescadores de lá. Estudos realizados por pesquisadores do IDSM comprovam a eficácia da vigilância e da contagem. O monitoramento de alguns dos principais lagos da Unidade de Conservação mostrou um incrível percentual de crescimento das populações de pirarucu. No Lago Jarauá, por exemplo, foi de 525% entre os anos de 1999 e 2005 – embora os próprios biólogos de Mamirauá desconfiem de índices tão elevados e, ainda que os pescadores superestimem o número de peixes, a recuperação da espécie é um fato.

Outra vitória consolidada pelo manejo de pesca do pirarucu é o valor agregado aos peixes aprisionados. Um pescado ilegal tira do ribeirinho o poder de negociação. "Na venda clandestina, eles não pegam mais do que R$ 3,50 no quilo do pirarucu. No animal legal, esse valor é dobrado", conta Marco Lopes, educador ambiental do IDSM. Além disso, com a retaguarda de Mamirauá, aproveitam partes do peixe que, normalmente, seriam jogadas fora. Há casos de comercialização com empresas, viabilizadas pelo IDSM, da cabeça, língua e escamas do pirarucu.

» Turista posa para foto ao lado de um pirarucu que acaba de ser retirado do barco. A preservação da espécie, além de favorecer os ribeirinhos, atrai visitantes

↓ Na Boca do Mamirauá, moradores se juntam para limpar o peixe recém arpoado. A pesca manejada valorizou o trabalho dos pescadores, que hoje conseguem um preço final melhor no momento da venda

Embora os agentes ambientais tenham muito trabalho para impedir a pesca ilegal em Mamirauá, há várias outras questões importantes a serem enfrentadas. Em torno de uma vez por mês, o coordenador Paulo Roberto se junta a empregados e voluntários para percorrer grandes distâncias na região. Partem em busca de embarcações descumpridoras das normas do Plano de Gestão, como é chamado o documento que determina como os recursos naturais devem ser utilizados.

Muitas dessas viagens contam com a presença de representantes do Ibama e policiais ou soldados do Exército para a proteção. "Isso é muito importante, até porque não temos autoridade para autuar ou multar ninguém", fala o coordenador do IDSM. A condição social da população local e a ideologia proposta por Márcio Ayres permeiam a abordagem dos fiscais de Mamirauá. "Na conversa, tentamos persuadir os invasores a se retirarem. Não andamos armados e não buscamos o confronto". Para se ter uma ideia, apenas em uma dessas missões fiscalizadoras, realizada em setembro de 2009 nas Reservas de Mamirauá e Amanã, foram apreendidos 745 kg de pirarucu, 42 quelônios (tartarugas, iaçás e tracajás), 432 ovos de quelônios e cinco ovos de jacaré.

A verdade é que a caça ilegal ainda ocorre, mas o principal problema segue sendo a pesca irregular, impulsionada pela recuperação das espécies agora protegidas pelas reservas. Colabora, também, o fato de que, no entorno das Unidades de Conservação, há um cinturão de pobreza. "Não há indústrias em Tefé, que é a maior cidade da região, e isso torna as pessoas dependentes da pesca", explica Paulo Roberto. Dois pirarucus de bom tamanho, por exemplo, podem render 500 reais – o que é muito dinheiro nestas bandas. "Além disso, tem o fator cultural: é complicado proibir um amazônida de pescar."

Vida selvagem

Quem ouve, logo pensa: estas matas têm dono. E que outra conclusão tirar do poderoso grito do bugio? Nas várzeas de Mamirauá, conhecidas até fora do Brasil pela presença célebre do uacari-branco, é a vocalização de outro macaco – o bugio – que mais impressiona. Os berros têm início ao alvorecer e, de tão estridentes, poderiam ser creditados a um animal muito maior. De certa forma, o objetivo é esse. Emitido pelos machos dominantes, o grito é um alerta aos bandos vizinhos, um aviso para que não se aproximem daquela área, do contrário a disputa por território e alimento pode resultar em briga. É como se dissessem, com o peito estufado: "Eu estou aqui".

A floresta toda escuta. Também, pudera. Os guaribas – outro nome pelo qual são chamados os bugios – são os primatas mais barulhentos das Américas. O segredo do forte ronco desse macaco de pelos avermelhados e composição robusta (chega a pesar 7 kg), está no hióide, um osso alargado na base da língua, que funciona como amplificador. Ao longo do dia, se locomovem por seus territórios à procura de folhas para comer. Dos lagos da Reserva de Desenvolvimento Sustentável Mamirauá, mesmo os ouvidos menos treinados poderão notar o esforço vocal dos bugios. E como as áreas dos vários grupos se sobrepõem, ao final de tarde precedem a barulheira noturna típica da floresta (no dizer de Euclides da Cunha, "as noites na Amazônia são fantasticamente ruidosas"): gritam os vários machos dominantes, cada um a seu tempo, em resposta ao outro: "Também estou aqui", parecem dizer.

Até quem não deveria, escuta. E, triste ironia, o som capaz de afugentar os rivais atrai os predadores. O mais terrível deles é o homem. Em diferentes locais da Bacia Amazônica, índios e caboclos são atraídos pelos berros para encontrar os bandos no meio da mata e caçar alguns indivíduos. Os bugios sempre estiveram entre os bichos mais perseguidos pelas populações humanas, que apreciam sua carne e, também, a lentidão no momento da fuga. Sua maior defesa é a camuflagem com a vegetação nas copas das árvores. Gritam bravamente quando atingidos por uma flecha ou disparo de arma.

« Os felinos selvagens estão muito bem adaptados à floresta alagada. A maioria das espécies permanece na várzea o ano todo, mesmo durante as enchentes. É o caso do gato maracajá

» O guariba (ou bugio) é o primata mais barulhento das Américas. Seu grito, proferido pelo macho dominante com o objetivo de afastar os bandos vizinhos, pode ser ouvido a quilômetros de distância

Mas eles não são os únicos animais emboscados pelos sons emitidos no igapó. Herança indígena, o conhecimento que o caboclo tem da floresta lhe garante até mesmo a pescaria pelos ouvidos. É que, no período da inundação, as seringueiras e outras árvores com sementes lançam seus frutos na água. O ruído gerado pela "explosão" das cápsulas antes de caírem é seguido pelo barulho particular com que cada espécie de peixe bate na superfície com a nadadeira caudal enquanto pegam as sementes. Mesmo sem enxergar, os ribeirinhos mais experimentados sabem distinguir as variedades de peixes pelo som. Podem, assim, definir qual buscar[1].

Embaixo d'água, os animais também se valem dos sentidos para comer. Cada árvore produz combinações especiais de compostos orgânicos como látex, óleos, resinas e ácidos[1]. Perfumes naturais, esses odores permitem aos peixes identificar os tipos de árvores e encontrar alimento. A Amazônia é o único lugar do mundo em que frutos e sementes são a base da dieta de diversos peixes. Com dentes adaptados, mais de um metro de comprimento quando adulto e 30 kg de peso, o maior devorador desses itens no igapó é o tambaqui, um peixe de carne saborosa, vendido a preço alto nas churrascarias do Sudeste.

Para pegá-los, os pescadores navegam em suas canoas pela floresta inundada até toparem com uma seringueira, a árvore

« Na comunidade da Boca do Mamirauá, um pescador limpa as escamas de um tambaqui que acaba de ser capturado. Trata-se de um dos peixes mais tradicionais da pesca cabocla

⩔ As águas ricas em sedimentos – e, portanto, com vida abundante – do Solimões asseguram uma grande variedade de pescado aos ribeirinhos, como, por exemplo, o pirarucu (o peixe maior, abaixo e à esquerda), o tambaqui (mais escuro) e o dourado, um tipo de bagre

produtora do fruto favorito do tambaqui. É costume prenderem uma semente a um galho por meio de uma linha e bater na água para atrair o peixão. No instante em que o grande dorso negro do tambaqui emerge, disparam o arpão. Os adultos de bom tamanho são, de fato, muito fortes e, mesmo feridos, podem arrastar a embarcação até se cansarem.

Sugadores de sangue e onça nas árvores

Para quem vem ao igapó com os sentidos adormecidos pela vida urbana, a viagem em plena mata alagada pode causar a sensação inicial de se perambular por um ambiente fúnebre. As picadas dos ferozes carapanãs, o pernilongo amazônico sugador de sangue, e a pouca luminosidade rendem um aspecto um tanto sinistro ao ambiente, e o desconhecimento pode levar a crer que poucos animais se abrigariam numa selva escura sem chão firme. A realidade, no entanto, é bem outra. Enquanto vemos apenas árvores meio submersas e nenhum movimento aparente, já fomos captados por dezenas de olhos. São mamíferos, aves, primatas, répteis, insetos e anfíbios perfeitamente camuflados ao meio e adaptados aos ciclos de seca e cheia.

No período em que as águas dos rios começam a tomar as planícies, a partir do mês de novembro, os animais terrestres se abrigam em árvores ou nos terrenos mais altos. Embora a variedade de espécies seja maior na selva de terra firme, há uma porção de animais aptos a permanecerem na várzea durante as chuvas: onça-pintada (caçam de tudo e, para ganhar agilidade, são até três vezes menores que as do Pantanal, por exemplo), tamanduá (com a exceção do bandeira, que é grande demais para esse ambiente), quati, preguiça, sapos, lagartos, roedores, macacos e aves estão entre eles.

→ **Durante a cheia, os rios transbordam e as águas se lançam às imensas áreas de várzea, acomodadas em terrenos de baixo relevo. As inundações são sazonais, assim como as chuvas que as provocam**

lhe garante caçar, além dos insetos, aves e morcegos em galhos e cipós. Há relatos até mesmo de um grande aruanã ter capturado um filhote de preguiça na região.

No que diz respeito à fauna terrestre ou à flora, o ponto fundamental na várzea é o nível de exigência resultante da alternância entre seca e inundação. Vem daí a elevada taxa de endemismo, muito maior do que a encontrada nas florestas de terra firme. Entre os exemplos de animais praticamente restritos à área da Reserva de Desenvolvimento Sustentável Mamirauá estão o macaco-de-cheiro de cabeça preta e o uacari-branco. Esse último, ao lado de araras e papagaios, é o animal da mata alagada mais especializado em abrir frutos de casca dura e retirar as sementes ou o material carnoso do interior[1]. Durante os dilúvios, quase não

→ Atraídos pelas árvores altas, as araras e os grandes papagaios são mais encontrados nas matas de terra firme. Já o papa-cacau é bastante frequente na floresta inundada

Para os peixes, a mata alagada oferece comida e abrigo, inclusive para alevinos se protegerem de predadores. Uma das espécies que acompanham o vai e vem das águas é o aruanã, peixão com pouco mais de um metro de comprimento (quando adulto) e olhos divididos horizontalmente, o que significa dizer que ele pode ver dentro e fora d'água ao mesmo tempo – um benefício e tanto para um comedor de insetos e aranhas terrestres. A essa vantagem, o aruanã acrescenta mais uma. É capaz de comprimir seu corpo como uma mola e saltar para fora da água, propriedade que

↑ Um quatipuru em seu trabalho de fazer um ninho para abrigar os filhotes. Os frutos e sementes abundantes no igapó fazem desse ambiente um paraíso para os esquilos

→ Bandos com mais de 100 macacos-de-cheiro já foram avistados na Amazônia. Na várzea, o nascimento dos filhotes ocorre no início das inundações, coincidindo, também, com a época de frutificação

descem dos galhos mais altos. Na estiagem, quando os frutos estão verdes, baixam ao solo em busca de sementes caídas ou para desenterrar as germinadas. Sempre, contudo, alguns indivíduos do bando permanecem nas árvores, montando guarda.

Os animais podem se locomover, mas como os igapós sobrevivem a períodos tão longos de inundação, ainda é, em grande parte, um mistério científico[1]. A questão é que são poucas as plantas com adaptações externas, como raízes aéreas, e a zona na qual se encontram as raízes submersas (2 a 3 metros de profundidade) é muito escassa em oxigênio. O raciocínio dos cientistas aponta no caminho de que existem adaptações bioquímicas capazes de promover a respiração, pois é fato que algum tipo de fotossíntese acontece na escuridão lá de baixo: do contrário, como explicar que a maioria das árvores mantém suas folhas mesmo durante os meses de inundação?

A falta de luz na mata alagada tampouco favorece a produção de algas ou plantas aquáticas suficientes para manter em equilíbrio a cadeia alimentar. Para tanto, o igapó conta com as inundações dos pequenos vales dos igarapés e das matas ciliares, responsáveis pelo transporte da matéria orgânica. Rios de águas brancas – como o Madeira e o Solimões – recebem todos os anos o rico sedimento vindo dos Andes. O acúmulo desse material, que viaja milhares de quilômetros pelos rios, vai dar origem às

↑ Uma ave repousa sobre uma canoa. São 340 espécies catalogadas até o momento em Mamirauá

→ Alguns autores fazem um paralelo da vida na floresta pluvial como sendo um prédio comercial de muitos andares, com os grupos deslocando-se de um andar a outro. Essa interação envolve, também, aves, anfíbios e répteis

praias de areia da planície amazônica. Esse tipo de terreno é chamado de restinga e pode ou não ser coberto por vegetação.

O labirinto aquático desafia a lógica

Como se vê, a várzea é um sistema extremamente conectado e, por isso mesmo, frágil, apesar de extenso. Representa algo em torno de 5% (100 mil km^2) de toda a Floresta Amazônica e a RDS Mamirauá tem grande importância na preservação do ecossistema, já que é a maior unidade de conservação em áreas alagadas do Brasil. Durante as inundações, quase toda a reserva fica sob as águas entre os meses de maio e junho, numa dinâmica brutal, capaz de criar e destruir terrenos e alterar a paisagem por completo em questão de semanas.

Forma-se, então, um intricado labirinto aquático na várzea, cortada, sobretudo, por uma porção de paranás, como são conhecidos os canais pelos quais dois rios se conectam. Os canais menores é que são apelidados regionalmente de lagos, mas, ao menos por meio ano, não são lagos verdadeiros (extensões de água cercadas de terra por todos os lados). De qualquer forma, são mais de 600 registrados na Reserva de Desenvolvimento Sustentável Mamirauá, sendo que alguns ocupam áreas bastante amplas, com até 40 km de comprimento. Durante as chuvas, suas águas se conectam. Na estação seca, porém, é a vez das conexões no terreno serem restabelecidas e os lagos ficam isolados.

Os pesquisadores do Instituto de Desenvolvimento Sustentável Mamirauá também tiram proveito do ambiente único da várzea. É que o igapó permite a exploração de áreas dificilmente alcançadas em terra firme, pois a canoa vai mais longe do que poderiam as pernas humanas na mata fe-

→ A estação seca na Reserva de Desenvolvimento Sustentável Mamirauá drena o igapó e obriga os animais aquáticos a migrar para os rios e grandes lagos. Para os pescadores, é tempo de aproveitar a aglomeração dos peixes

Os grandes predadores da água

Quando chega a estiagem em Mamirauá, os animais debandam do igapó para os canais dos rios e lagos, e fazem a festa dos grandes caçadores aquáticos. Com a exceção do jacaré-açu (6 metros de comprimento e 350 kg de peso), do pirarucu (3 metros e 250 kg) e da sucuri (7 metros e 150 kg), os outros representantes do topo da cadeia alimentar da Bacia Amazônica não adquiriram a capacidade de migrar para os igapós durante as inundações. Além disso, boa parte das espécies se reproduz durante as cheias, e os predadores aguardam ansiosos pelo aumento dos cardumes.

O boto-vermelho (2,5 metros e 160 kg) é o mais hábil dentre os matadores, capaz de caçar em rios, igarapés e lagos, sendo muito ágil e grande para ser morto por um jacaré, e forte o suficiente para atacar os bagres, os maiores peixes do Rio Amazonas (com mais de 3 metros e 200 kg). Já a jibóia pode chegar a 4 metros de comprimento e é capaz de engolir aves e até pequenos mamíferos. A lista de monstros submersos inclui ainda – pasmem – tubarões. Vindos do Atlântico, já foram avistados a até 4 mil km rio acima, perto dos Andes, embora sejam mais comuns no estuário e raros no Médio Solimões. Ainda que muitas dessas espécies não representem perigo para o homem, para tomar um banho de rio na Amazônia a dica é: ouça o caboclo. Ele costuma saber onde e quando o mergulho será seguro.

↟ O pirarucu é o maior peixe de escamas do mundo e um predador voraz nos lagos de várzea, seu habitat mais comum. Em torno de 30 espécies de peixes fazem parte do seu cardápio

chada. No ponto alto da inundação, pode-se navegar próximo às copas das árvores e apreciar de perto folhas e frutos. O ciclo das cheias na várzea amazônica desafia, assim, a lógica: onde mais seria possível flutuar de canoa no topo da floresta, a muitos metros de distância do solo? É quase um navegar nas alturas.

Para baixo, há outros estratos. A água turva e o labirinto de galhos e troncos dão a impressão de que, a qualquer momento, a embarcação irá encalhar no chão lodoso. Isso, porém, é pouco provável, ainda mais quando o nível dos rios está alto. Nessas ocasiões, a profundidade média no igapó é de 5 metros e pode chegar ao dobro. Para presenciar a fauna aquática composta por pirarucus, jacarés, tartarugas, cobras, entre outros, só mesmo com equipamento de mergulho.

A distribuição vertical da vida no igapó e as interações entre os diversos níveis foram explicadas por Michael Goulding, um dos maiores especialistas em rios amazônicos em todo o mundo, da seguinte maneira: "Em vários aspectos, a floresta pluvial é como um prédio comercial de muitos andares, onde grupos com atividades distintas concentram-se em andares diferentes, com muitos trabalhadores deslocando-se de um andar para outro durante o dia ou à noite"[1].

Essa visão sobre o igapó é um contraponto para quem vem de fora e se aventura nas imensidões da Amazônia. Diante

de um cenário tão grandioso, no qual os rios guardam semelhança com as vastidões desabitadas dos oceanos e o manto verde da floresta, que se estende, em todas as direções, até onde alcança a vista, não é imediato ao visitante pensar nos detalhes não captados pelos olhos, como o que vai abaixo d'água ou em cima das árvores. De barco a motor, com o vento na cara amenizando a quentura do sol, a enormidade horizontal da floresta, num primeiro momento, é inspiração poética. Depois, como num mar sem fim, chega a ser monótona.

Ao longo dos séculos, vários viajantes descreveram sensações parecidas. Euclides da Cunha, nos anos 1900, enfadado por tanto chão de água e selva, anotou: "A impressão dominante que tive, e talvez correspondente a uma verdade positiva, é esta: o homem, ali, é ainda um intruso pertinente. Chegou sem ser esperado nem querido – quando a natureza ainda estava arrumando o seu mais vasto e luxuoso salão. E encontrou uma opulenta desordem... Os mesmos rios ainda não se firmaram nos leitos; (...) A flora ostenta a mesma imperfeita grandeza (...). Completa-a, ainda sob esta forma antiga, a fauna singular e monstruosa, (...)". Talvez o grito – singular e monstruoso – do bugio nas várzeas de Mamirauá guarde mais do que apenas um significado.

«« A profusão de peixes no Médio Solimões atrai os biguás, que são ótimos mergulhadores

↓ É frequente avistar ninhais de garças-brancas-grandes na Reserva de Desenvolvimento Sustentável Mamirauá. O voo gracioso é empreendido até os pontos de alimentação

Na mira do homem

Nos últimos anos, duas das espécies mais magníficas das águas da Reserva de Desenvolvimento Sustentável Mamirauá estão sofrendo uma pressão cruel por parte de caçadores. O caso mais grave talvez seja o do boto-vermelho, mamífero aquático que, desde a criação da Unidade de Conservação, registrou um crescimento constante na região, até começar a ser usado como isca para a pesca da piracatinga, um bagre muito apreciado na Colômbia. Os primeiros registros das mortes de jacarés e botos para atrair as piracatingas, que são carniceiras, foram feitos em 2000.

Outra situação alarmante envolve o aruanã, um peixe com grande mercado para fins ornamentais. A forma de captura é das mais terríveis: os machos adultos, responsáveis por cuidar dos filhotes, são mortos com golpes na cabeça. O motivo é que essa espécie abriga seus alevinos dentro da boca, para protegê-los de inimigos naturais. Por descansarem próximos à superfície, os aruanãs são facilmente vistos.
Depois de decapitada a cabeça, os filhotes saem e são pegos para serem exportados para Miami, Tóquio ou Londres.

Gente da terra

Em Mamirauá, reina a água. É na dinâmica anual de cheia e seca que se encontram as chaves para a abundância e a escassez. Sempre foi assim no Médio Solimões. Ao ser humano, resta adaptar-se a essa realidade, já que também o seu porvir está nas mãos caprichosas das chuvas. Exposto às alternâncias do clima, o caboclo das áreas alagadas não difere, sob vários aspectos, do sujeito da terra firme amazônica. Ambos guardam em seus traços fisionômicos e nas tradições culturais a herança indígena. São cordiais, embora desconfiados, não temem a selva e se alimentam, sobretudo, de peixe e mandioca. Destoam, porém, num ponto em especial: a cada estação, a floresta inundada demanda um novo início. Não raro, quase do zero, pois uma enchente maior que o esperado pode dar cabo da roça, da criação de gado, da própria casa e até de crianças desavisadas. O caboclo da várzea é o mestre do recomeço.

Para compreender a vida dos moradores da Reserva de Desenvolvimento Sustentável Mamirauá é preciso antes inteirar-se

«« Crianças se divertem em comunidade na Reserva de Desenvolvimento Sustentável Mamirauá. Por meio do Programa de Educação Ambiental, elas irão crescer conscientes da necessidade do uso sustentado dos recursos naturais

» As moradias, construídas no estilo palafita (sobre pilastras de madeira) e, geralmente, iluminadas por lamparinas, ficam ilhadas durante o auge das inundações. Sem barco, não tem como sair de casa

⇑⇒ A vida dos moradores é regida pelas imposições dos tempos de seca e chuva. A variação no nível das águas é a principal característica da região e leva homens, plantas e animais a níveis extremos de adaptação

das imposições das estações de seca e de chuva. A variação no nível das águas é a principal característica da região e a mais determinante nos processos ecológicos da várzea. Todo ano, no final de novembro, a água começa a cair do céu. É assim até maio, atingindo o ponto máximo no nível dos rios entre abril e junho – importante destacar que a Bacia Amazônica não é abastecida somente pelas tempestades, mas também pelo degelo andino. Em seguida, em meados de julho, tem início a vazante das torrentes. Não se trata de um ciclo ameno.

Conforme as chuvas cessam, os rios vazam, exaurindo os outros corpos d'água, num processo lento e gradual de drenagem das matas alagadas. A várzea amazônica é a única floresta tropical do planeta em que, a cada estação, o desnível entre a cheia e a seca pode chegar a 12 metros, espalhando água por milhões de hectares[4]. Animais de grande e médio porte, como, por exemplo, os peixes tambaquis e pirarucus e as tartarugas, são avistados com certa facilidade em sua jornada anual de abandono do igapó em direção aos maiores lagos ou aos canais dos rios. No entanto, uma lente microscópica seria capaz de revelar formas de vida bem menores – nematódeos, planárias, minhocas, crustáceos, larvas – realizando a mesma migração[1]. Ainda há muito a ser desvendado a respeito da biodiversidade da Amazônia.

Para os caboclos, as águas são generosas e não partem sem deixar benefícios. Os sedimentos trazidos dos Andes pelas inundações renovam o solo da várzea, onde, na estiagem, a mandioca será plantada para crescer em abundância. É assim em todos os 63 povoados da Reserva de Desenvolvimento Sustentável Mamirauá, nos quais habitam cerca de 6.500 pessoas. São pequenos grupos dispersos na floresta alagada, situados ao longo dos cursos d'água[5].

» Quando os rios enchem, para evitar que os animais domésticos sejam devorados pelos jacarés, os ribeirinhos constroem gaiolas ou plataformas flutuantes chamadas de marombas

➾ Dependendo do nível das águas, é preciso ir de canoa até a roça. Os sedimentos carregados desde os Andes renovam naturalmente o solo da várzea para receber o plantio da mandioca

➾⮯ Depois de colhida e transportada, a mandioca vai ser transformada em farinha nos fornos das comunidades. Ao lado dos peixes, esse é o produto central na alimentação diária dos caboclos

⮯ A coleta de frutos é a atividade econômica há mais tempo realizada pelo homem. Na Floresta Amazônica, ela se concentra em vários itens, entre eles, cupuaçu, castanha e açaí (abaixo)

Embora práticas como a pesca, a caça e a coleta de frutos aconteçam durante todo o ano, sua intensidade varia a cada estação. Em outras palavras, o convívio social e as atividades econômicas são ditados pela variação do fluxo de água, o que determina a possibilidade de acesso aos recursos e modifica o ritmo de vida: ir, por exemplo, a Tefé ou a outros centros urbanos na cheia é muito mais rápido e fácil do que na seca, quando há o risco de se encalhar nos bancos de areia.

Em sua tese de doutorado, a socióloga Edila Arnaud Ferreira Moura, da Universidade Federal do Pará, identificou as alterações ao longo do ano impostas pelas águas às comunidades de Mamirauá. No texto, a professora relata que, de maneira geral, a enchente é o tempo da expectativa. Se uma grande cheia estiver a caminho, a jornada de trabalho será de 14 horas, dada a necessidade de acelerar a colheita da mandioca para a preparação da farinha. Os ribeirinhos avaliam, também, as condições para a extração da madeira nas áreas onde o manejo florestal comunitário está organizado. É o tempo no qual as cobras aparecem nos povoados, o que demanda cuidado redobrado com as crianças, dentro e fora das casas[5].

Na cheia, para impedir a entrada da água em suas moradias, os moradores elevam o assoalho. Construídas sobre pilastras de madeira e geralmente iluminadas por lamparinas, as palafitas ficam ilhadas durante meses. As famílias dependem dos barcos até mesmo para ir à casa do vizinho. O chão firme desaparece ou se torna artificial, como é o caso das marombas, nome dado às gaiolas ou bases flutuantes feitas por eles para proteger os animais domésticos (gado, galinhas, patos, porcos, cães e gatos).

Para quem não trabalha com rebanho nem com madeira, é hora de descansar e esperar. O reino das águas amazônico é, assim, preenchido de forma exuberante, fazendo com que rios, lagos e paranás se pareçam com apenas um grande corpo d'água, um oceano doce em pleno continente. Mas tudo tem um preço: os peixes

estão espalhados por imensas áreas e a pescaria se torna mais difícil.

Com a vazante, chega o momento de avaliar as perdas e recomeçar uma vez mais. Não é incomum que utensílios de trabalho perdidos na inundação reapareçam enterrados na lama – acontece até mesmo com motores de rabeta, usados nas canoas. As praias despontam e, em meio às lástimas pelos animais domésticos reclamados pelo mundo aquático, os ribeirinhos se aproveitam da renovação do solo para reiniciar o plantio da mandioca. Nesse período – e também na enchente – ocorre o fenômeno da terra caída, o desbarrancamento natural das margens de rios de águas barrentas na Amazônia. Quando identificam o risco, os comunitários esvaziam e depois desmontam as moradias; no entanto, nem sempre os avisos são notados a tempo. Há registros de casas inteiras e seus moradores tragados pela terra.

«« O Solimões, assim como acontece com outros rios da região, sofre um desbarrancamento natural em algumas épocas do ano

↓ Rios e lagos perdem a maioria de suas ligações nos meses de seca, mas algumas delas permanecem, como é o caso do Cano do Jarauá, pelo qual apenas as canoas passam sem encalhar nos bancos de areia

Vida igual à dos ancestrais

Vem, por fim, a seca e, com ela, o tempo da fartura na pesca. Os lagos ficam cheios de peixes e a fiscalização comunitária se faz necessária para impedir a presença de pescadores não autorizados. A profusão atrai os regatões, mercadores itinerantes com o domínio do comércio nas comunidades mais distantes da reserva. Com seus barcos, encostam para oferecer produtos

industrializados como açúcar, café, sabão em barra, óleo de cozinha, leite em pó e sal em troca de itens tradicionais como peixe, farinha, madeira e, em menor escala, carne de jacaré.

A maior dificuldade na estiagem é a disponibilidade de água para consumo. Em alguns povoados, é preciso caminhar por mais de uma hora até a beira de rios e lagos ou pelo interior da mata, à procura de igarapés e nascentes – daí a importância de projetos como o de captação da água da chuva, implantado pelo Instituto de Desenvolvimento Sustentável Mamirauá em comunidades da reserva, entre elas, a de São Francisco do Aiucá (ver capítulo Projetos Sustentáveis).

Com a exceção dos motores nas canoas e das inovações introduzidas pelo IDSM, o dia a dia dos atuais moradores de Mamirauá não é muito diferente de seus ancestrais. Os antigos habitantes da várzea amazônica, os índios omáguas, também despendiam sua jornada em busca de peixes, a caminho das roças, dos pontos de caça ou do comércio

Tradição entre os amazônidas, a pesca artesanal esteve ameaçada pela exploração excessiva da fauna aquática local. A ação do Instituto de Desenvolvimento Sustentável Mamirauá, no entanto, possibilitou sua continuidade

com aldeias próximas. Antes, assim como hoje, havia o vai e vem das canoas nos lagos, as crianças brincavam com os pés descalços nos chãos, os adultos se dirigiam ao igapó para pescar e para a extração de frutos como o cupuaçu. Da gordura das tartarugas ou do peixe-boi, preparavam manteiga e, em cada tribo, era certo encontrar farinha de mandioca sendo produzida.

Atualmente, de acordo com a Funai, em todo o Brasil a população indígena é de 460 mil pessoas, integrantes de 225 etnias e representantes de 0,25% da população do país. A maioria vive na Amazônia, onde residem, também, os segredos arqueológicos de povos já extintos e de outros ainda remanescentes. Um dos objetivos dos pesquisadores é entender de que forma esses antigos grupos transformaram e se adap-

↟ Índios da Amazônia no Porto dos Miranhas no rio Japuá, retratados em obra de Six e Martius, 1831

taram à natureza local – informações que vão ao encontro do ideal de Márcio Ayres em conciliar a presença do ser humano com a preservação da selva. "A ocupação na Amazônia tem mais de dez mil anos", explica Bernardo Lacale Silva da Costa, arqueólogo da USP que, desde 2006, desenvolve, em parceria com o Instituto de Desenvolvimento Sustentável Mamirauá, um plano de manejo comunitário do patrimônio arqueológico da RDS Amanã onde, em alguns povoados, pode-se literalmente tropeçar em cerâmicas remotas.

Dez grandes epidemias de varíola e sarampo

O desaparecimento de um grande número de indígenas tem relação direta com as doenças desembarcadas pelos europeus. No que diz respeito à colonização portuguesa, o período inicial da ocupação na região Norte do Brasil ocorreu entre o começo do século 17 e a primeira metade do 18 e foi marcado pela presença de missionários católicos de diferentes ordens, espalhados por assentamentos nos quais os índios eram catequizados e forçados a trabalhar[6]. O impacto sobre a saúde dos nativos da floresta foi enorme: apenas entre os anos de 1724 e 1776, pelo menos dez grandes epidemias de varíola e sarampo ocorreram na Amazônia.

Com administração própria e vida independente, as missões representavam a ocupação territorial da Coroa a qual estavam subordinadas. Rígidas, imprimiam uma estreita disciplina aos índios, aos quais cabia, além de pescar e caçar, cuidar dos cultivos de mandioca, café, cacau, tabaco, algodão e, na selva, coletar frutos como a castanha. Para criar unidade, os religiosos obrigavam integrantes de tribos distintas a se comunicarem na língua geral, um dialeto baseado no idioma tupi. O português se disseminaria no interior da Amazônia bem mais tarde, no século 19, com a dispersão de imigrantes nordestinos durante o Ciclo da Borracha.

Após o fim das missões, por volta de 1755, um novo período teria início, com os assentamentos passando para as mãos de líderes designados pelo Império. Conhecida como Diretório, essa fase ocasionou uma alteração profunda na composição étnica da população amazônica, já que uma das determinações inovadoras foi a de permitir o intercâmbio cultural e o casamento entre brancos e índios. Foi então que houve uma mudança da massa de nativos "domesticados" para a raça mista do caboclo.

Como efeito, houve um aumento na quantidade de indivíduos miscigenados. No início do século 19, eles compunham uma categoria social estabelecida e mais ligada à sociedade colonial do que aos indígenas, que os chamavam de tapuios (o sujeito de outra tribo). Com o passar dos anos, o termo caboclo, provavelmente originado da palavra tupi caa-boc (aquele que vem da mata), preponderou.

O caboclo é, por assim dizer, o fruto de uma trajetória marginal. Nas palavras do historiador e geógrafo Caio Prado Júnior "o Nordeste, o Centro, o Sul se ligam entre si; ligações frouxas muitas vezes, mas efetivas e suficientes para formarem um todo. A Amazônia ficará à margem deste sistema

↟ Apesar da mescla, o isolamento no interior fez com que os traços indígenas continuassem marcantes na maioria das comunidades. Preservar o modo de vida herdado dos antepassados é uma das propostas em Mamirauá

Índios, caboclos e negros vão às armas

Populações ribeirinhas em pobreza extrema e uma minoria dominante relutante em aceitar a Independência do Brasil. Essa combinação explosiva – cenário em Belém no século 19 – não poderia resultar em outra coisa senão em disputa armada. Foi o que aconteceu entre os anos de 1835 e 1840, na revolta armada de índios, caboclos e negros contra os legalistas (colonos portugueses). Ela ficaria conhecida como Cabanagem, visto que os revoltosos moravam em casas simples ou cabanas, na beira dos rios.

As batalhas foram sangrentas e, a partir de Belém, espalharam-se por longas extensões no interior da província. Entre os principais líderes do movimento despontaram nomes como os de Eduardo Angelim, os irmãos Francisco Pedro, Manuel e Antônio Vinagre, o fazendeiro Clemente Malcher, o jornalista Vicente Ferreira e o padre Batista Campos. Uma das marcas da Cabanagem foram os atos de traição de seus comandantes: Clemente e Francisco, por exemplo, assumiram o poder em diferentes momentos e, de forma surpreendente, renderam apoio ao governo imperial. O saldo foi terrível. Estima-se que a população do Pará na época caiu de 100 mil para 60 mil pessoas, culminando, inclusive, no extermínio de etnias indígenas que tomaram parte na rebelião popular.

Invasores e pioneiros

De Vicente Pinzón aos irmãos Villas-Boas, a Amazônia atraiu a curiosidade do homem "civilizado" desde sua exposição inicial ao mundo. Padres, escritores, geógrafos, desenhistas, etnógrafos, pintores, naturalistas, muitos foram os exploradores que se expuseram ao ambiente hostil da floresta. Do olhar dos pioneiros, vale destacar duas consequências essenciais: seu papel na dominação dos índígenas e sua incorporação à nova sociedade; e nas pesquisas de campo que deram origem à formação das ciências sociais e naturais referentes ao novo território.

O perfil de alguns dos aventureiros de passagem pelo Solimões dá uma boa amostra da multiplicidade em questão: o padre João Daniel (viajou entre os anos de 1751–1758), escritor talentoso, afirmou que "(...) é sem dúvida o Amazonas o máximo dos rios (...)"; o naturalista alemão Johann Baptist Von Spix (1819–1820) notou um ambiente "escuro como o inferno, emaranhado como o caos, aqui se estende uma floresta impenetrável de troncos gigantescos"; o inglês Alfred Russel Wallace (1848–1852) presenciou o uso do timbó (um veneno natural) na pesca: "Os peixes menores começaram logo a agitar-se, dando pulos para fora da água (...)"; o geólogo americano James Orton (1867–1877) escreveu que "nestes dias de muitas viagens (...), é reconfortante encontrar uma trilha não percorrida". Coube a essas e outras almas inquietas desbravarem as trilhas então esquecidas.

↑ Os irmãos Villas Boas, Claudio (à esquerda) e Orlando, no Parque Nacional do Xingu, em 1974, no congresso de caciques: almas inquietas que desbravaram as trilhas

que constitui o resto da colônia; a sua história se contará sem necessidade de apelar para a deste último".

Crises de seca e de inundações

Para o bem e para o mal, a partir do século 19 o enredo particular ganharia novo capítulo com o Ciclo da Borracha. Em 1877, houve uma explosão de imigrantes nordestinos a caminho das áreas de exploração no Norte, impulsionada por uma grande seca naquela região. Em 50 anos, a população do Estado do Amazonas aumentou em 20 vezes, chegando a mais de 1 milhão de pessoas. Todos em busca da borracha.

Em 1911, o item representava 40% das exportações nacionais – a mesma relevância do café – e metade da borracha utilizada na produção industrial em todo o mundo tinha sua origem na Amazônia brasileira. Entretanto, o incrível apogeu duraria pouco. As mudas nativas levadas por ingleses para a Ásia nos anos 1870 dariam início, a partir de 1913, a uma produtividade maior do que a do Brasil. Daí em diante, a borracha nacional degringolou.

A partir daí, os arigós, como os nordestinos eram chamados pelos indígenas, se dispersaram selva adentro. Nos dias atuais, estão incorporados aos costumes e modo de vida do caboclo. Na Reserva de Desenvolvimento Sustentável de Amanã há comunidades inteiras formadas por famílias de origem sertaneja. Caçam, pescam e plantam conforme feito pelos descendentes de índios da várzea. Compreenderam a ordem natural e os ciclos de seca e cheia, condição determinante para sobreviver a essa selva.

O Ciclo da Borracha trouxe grandes levas de nordestinos aos rincões da selva. Com a decadência do produto, eles se dispersaram. Hoje, estão incorporados às práticas e tradições locais

O esforço de todos esses homens é admirável, sobretudo pela inconstância da natureza. De um ano para outro, podem ocorrer alterações bruscas no frágil equilíbrio mantido pelas chuvas – ou pela ausência delas. Temperamental, a mesma água que promove a profusão de recursos torna hostil o ambiente.

Em outubro de 2005, o Amazonas viveu a maior seca em 60 anos, durante a qual 72 mil famílias tiveram de conviver com escassez de água, medicamentos, combustível e comida. O governo estadual teve de decretar estado de calamidade pública e o federal anunciou o envio de 30 milhões de reais para auxílio emergencial. Uma balsa com 188 toneladas de alimentos foi mandada a Tefé para atender cerca de 7 mil famílias em todo o Médio Solimões. Os moradores da Reserva de Desenvolvimento Sustentável Mamirauá também foram afetados e, nos paranás, igarapés e lagos, mais de uma centena de toneladas de peixes apareceu morta, o que levou os coordenadores do manejo de pesca a ampliarem o abate do pirarucu em mais de 20% nos lagos ameaçados de secarem por completo.

Em março do ano seguinte, foi a vez do Amazonas encarar uma grande cheia. Pelo menos 60 mil pessoas em 16 municípios foram atingidos diretamente pela elevação anormal das águas. Três anos mais tarde, a situação seria ainda pior, com mais cidades prejudicadas e níveis comparáveis somente aos registrados na pior inundação da história, ocorrida em 1953. Mais de 300 mil alunos da rede pública de ensino tiveram as aulas suspensas em todo o Estado. Nos troncos das árvores em Mamirauá, a marca d'água evidencia que a enchente de 2009 foi muito superior à de 2010. Ao longo da história, pela Amazônia se digladiaram portugueses e espanhóis, políticos e religiosos, invasores e nativos. Entretanto, todos, sem exceção, tiveram de prestar contas a quem de fato dá as ordens nesse reino natural: a água.

« Fincadas no solo, as raízes da árvore estão preparadas para a chuva e para o sol, assim como o menino. O futuro da Amazônia passa pelas iniciativas em curso na Reserva de Desenvolvimento Sustentável Mamirauá

Glossário

A

Agricultura familiar – atividade de plantio realizada pelos membros da família. Entre os ribeirinhos da Amazônia, é fonte de alimento e de renda, tendo como principal item o cultivo de mandioca.

Amanã, RDS – com 2 313 000 hectares de área, foi criada em 1998 e compreende parte dos municípios de Barcelos, Coari, Codajás e Maraã, no Estado do Amazonas. É formada principalmente por florestas de terra firme, habitada por cerca de 4 mil pessoas e gerida pelo Instituto de Desenvolvimento Sustentável Mamirauá.

Amazonas, rio – com mais de 6.675 km de extensão, é o eixo fundamental da maior bacia hidrográfica do mundo. Nasce nos Andes e desemboca no Oceano Atlântico, no qual lança, sozinho, cerca de 15% de toda a água enviada ao mar pelos rios do planeta.

Ameríndios – habitantes originais do continente americano. Indígenas residentes na região quando da chegada dos colonizadores europeus. Estudos apontam que esses povos vieram da Ásia há mais de 11 mil anos pelo Estreito de Bering, e, da América do Norte, se espalharam por todo o continente.

Arigó – termo usado pelos indígenas para designar os migrantes nordestinos na Amazônia.

Aruanã – peixe que pode ultrapassar 1 metro de comprimento e é encontrado apenas na América do Sul. Vive em lagos e igapós, e tem a habilidade de saltar para fora da água no momento de capturar suas presas, geralmente insetos.

Assacu – árvore encontrada em florestas tropicais, de tronco espinhoso, copa larga e folhas finas. Produz um látex venenoso usado por índios na ponta de dardos. O tronco é ainda hoje utilizado como base para a construção de casas flutuantes.

Aviamento – sistema de trabalho estabelecido durante o ciclo da borracha no qual o empregado tornava-se dependente do patrão em função de uma eterna dívida. Donos de terra e mercadores ofereciam, em forma de adiantamento, bens manufaturados em troca de produtos extraídos da floresta, sobretudo a borracha.

B

Bacia hidrográfica – área drenada por um rio principal e seus tributários. Recebe o nome do corpo d'água mais importante e também pode ser chamada de Bacia Fluvial.

Biodiversidade – total de genes, espécies e ecossistemas de uma região. A diversidade das formas de vida. O termo começou a ser usado a partir do final dos anos 1980, coincidindo com o aumento da preocupação internacional com as questões ambientais.

Bioma – amplos espaços caracterizados por conjuntos de vida (fauna e flora) semelhantes, ainda que a composição das espécies não seja a mesma, mas capazes de serem identificados em uma escala regional, com diversidade biológica própria.

Biossegurança – conjunto de estudos e procedimentos desenvolvidos com o intuito de evitar ou controlar os riscos provocados pela utilização de agentes químicos, físicos e biológicos à biodiversidade.

Boto cinza ou tucuxi – cetáceo de água doce que atinge até 1,5 metro de comprimento e tem a coloração acinzentada. São encontrados em rios da Bacia Amazônica. Alimentam-se de peixes, lulas e crustáceos, são ágeis e ótimos caçadores.

Boto-vermelho – cetáceo de coloração rosada, presente nos rios da Amazônia. Atinge até 2,5 metros de comprimento, não tem predadores naturais e pode viajar grandes distâncias. É um animal temido em muitas comunidades indígenas e ribeirinhas, que creditam a ele uma série de lendas.

Bugio – primata herbívoro, pode ultrapassar os 60 centímetros de altura e atinge até 7 kg de peso. Também conhecido como guariba, tem cor castanho-avermelhada e habita regiões da Argentina e do Brasil. É famoso por seu grito forte, que serve para a comunicação entre bandos a até 5 quilômetros de distância.

Buriti – fruto do buritizeiro, palmácea presente em vários Estados brasileiros, sempre à beira de rios ou em solos alagados. A polpa do fruto é utilizada na alimentação e na fabricação de óleo e as folhas são usadas no artesanato ou para fazer cordas.

C

Caboclo – nome dado aos mestiços de brancos e índios, o sujeito típico da Amazônia, habitante das margens dos rios e que tira seu sustento da pesca e da caça. Não agrada àqueles a quem designa, que o consideram pejorativo.

Cadeia alimentar – é o grande ciclo natural de transferência de energia em forma de alimento que acontece entre os seres vivos. Começa com os produtores (como as plantas), passa pelos consumidores primários (animais herbívoros) e outros consumidores (carnívoros) até chegar aos decompositores (bactérias e fungos), responsáveis por transformar a matéria em decomposição em moléculas simples. Essas moléculas retornam ao solo na forma de nutrientes e serão utilizados por produtores, reiniciando o ciclo.

Cano – nome pelo qual os ribeirinhos da Amazônia designam uma ligação entre corpos d'água. Alguns canos podem desaparecer durante as inundações, mas ressurgem nos tempos de seca, quando apenas as canoas conseguem navegar em seu leito estreito e raso.

Carapanã – nome dado aos mosquitos sugadores de sangue na região Norte. Podem transmitir doenças como a malária e a febre amarela, dependendo da espécie e do local no qual habitam.

Castanheira – árvore grande, de tronco escuro, liso, e com ramos próximos da extremidade. Com flores brancas, produz um fruto que pode pesar 1,5 kg e possui mais de 20 sementes, chamadas de castanhas-do-pará. São apreciadas no mundo todo e estão entre os produtos mais antigos consumidos pelas populações amazônicas.

Cipó-ambé – planta com grandes folhas em tom verde-escuro, encontrada em florestas tropicais de terra firme e na várzea. Muito utilizada no artesanato tradicional, é também apreciada como ornamento dentro das casas e em jardins.

Conselho Nacional de Desenvolvimento Científico e Tecnológico (CNPq) – agência vinculada ao Ministério da Ciência e Tecnologia (MCT), responsável pelo incentivo à pesquisa científica. Financia estudos, oferece bolsas a pesquisadores e entrega prêmios.

Conservação de recursos naturais – conjunto de práticas que buscam preservar a biodiversidade por meio da proteção de habitats e ecossistemas. Normalmente estão sujeitas a políticas desenvolvidas por instituições, sejam governamentais ou não, para reduzir os impactos causados pelo homem na natureza e garantir que recursos naturais como água, minérios e plantas estejam disponíveis para as futuras gerações.

Controle biológico de pragas – utilização de seres vivos para impedir a proliferação de pragas na agricultura. É uma alternativa aos agrotóxicos.

Corredor biológico – também conhecido como corredor ecológico ou de biodiversidade, é a conexão de várias Unidades de Conservação e terras Indígenas. Ajuda no processo de regularização de terras, na preservação do meio ambiente e na manutenção da biodiversidade, já que permite o trânsito de espécies entre as áreas protegidas.

Crajiru – planta arbustiva da Amazônia muito procurada por artesãos tradicionais que, de suas folhas, extraem um corante vermelho usado em peças e na pintura corporal. Tem propriedades medicinais conhecidas, sobretudo como anti-inflamatório.

Cupuaçu – árvore de porte médio, nativa da Amazônia. Tem galhos longos e grossos, folhas grandes e flores de tom vermelho-escuro. Seu fruto, muito apreciado na região, é utilizado para fazer bolos, sucos, cremes, balas, sorvetes e até uma variedade de chocolate.

D

Defeso – período de reprodução dos peixes, o que leva à proibição da pesca para assegurar a permanência das espécies.

Desenvolvimento sustentável – diz respeito à capacidade de suprir as necessidades da atual geração, sem, com isso, comprometer a capacidade de atendimento das gerações posteriores.

Desmatamento – prática de corte, queimada ou capina, pelo uso do fogo ou de produtos químicos, que leva à retirada da cobertura vegetal existente numa determinada área, com objetivo de permitir práticas de pecuária e agricultura ou expansão urbana.

E

Ecoturismo – turismo que respeita a natureza, incentiva a conservação e a consciência ambiental, e estimula o desenvolvimento das comunidades tradicionais envolvidas. Feito de forma sustentável e geralmente em pequenos grupos para não causar impactos negativos ao ecossistema.

Educação ambiental – ramo da educação que tem por intuito a disseminação do conhecimento sobre o ambiente, visando promover sua preservação e a utilização sustentável de seus recursos.

Energia solar – energia obtida a partir dos raios solares.

Estação Ecológica (Esec) – Unidade de Conservação em propriedade do poder público, que tem como objetivo a preservação da natureza. É utilizada apenas para pesquisa e visitação de acordo com normas. Não permite moradores no local.

Extrativismo – atividade econômica pela qual o homem retira da natureza os bens por ela oferecidos, sem participar de sua produção.

F

Floresta de terra firme – florestas formadas em áreas nas quais não há inundação, nem mesmo no período de cheia dos rios. Ocupam cerca de 80% da área total da Amazônia.

Floresta inundada – florestas localizadas em áreas alagadas sazonalmente. Podem ser igapós ou várzeas, de acordo com o tipo de água de rio que as inunda.

Floresta tropical chuvosa (floresta pluvial tropical) – florestas densas e com alta biodiversidade onde chove o ano inteiro. Não têm períodos de seca muito intensos e a temperatura média anual costuma ser maior que 24°C.

Flutuante – moradia ou estabelecimento comercial construído de modo a flutuar sobre as águas, seja em um rio, represa ou mesmo no mar. Na Amazônia, são feitos sobre troncos de assacu e amarrados em âncoras de concreto presas no fundo do rio.

Fundação Nacional do Índio (Funai) – órgão do governo federal responsável pelas políticas referentes aos indígenas brasileiros. Fundado em 1967, durante o governo militar, tinha como objetivo inicial a integração dos índios ao restante da sociedade nacional. Hoje, cabe à Funai assegurar os direitos das tribos, demarcar e proteger terras, além de promover a educação básica e a saúde desses povos.

Furo – pequeno canal, sem correnteza própria, que corta uma ilha fluvial ou uma extensão de terra diminuta.

H

Habitat – ambiente no qual vive uma espécie ou uma comunidade de organismos vivos.

Hectare – unidade de medida agrária. Equivale a uma área de 10 000 metros quadrados.

I

Ibama – Instituto Brasileiro do Meio Ambiente e dos Recursos Naturais Renováveis, órgão do governo federal vinculado ao Ministério do Meio Ambiente, e fundado em 1989. Tem sede em Brasília, diversos escritórios regionais, e é responsável por licenciar, monitorar e fiscalizar o uso dos recursos naturais no país. Em outras palavras, cabe ao orgão aplicar a Política Nacional do Meio Ambiente.

Igapó – são florestas inundáveis, localizadas ao longo dos rios de águas claras e de águas pretas. Apresenta o tipo de vegetação que mais se aproxima da várzea. É muito fechada e tem pouca incidência de raios solares.

Igarapé – termo restrito à Amazônia, onde designa os braços de rios estreitos, porém navegáveis pelas pequenas embarcações locais.

Inundação sazonal – é a inundação determinada pelas alternâncias nas estações do ano. Comum a muitos rios situados em regiões tropicais, ocorre também nas torrentes da Amazônia, nas quais a variação nos períodos de cheia e seca é causada pelas chuvas nas cabeceiras dos rios e pelo degelo anual nos Andes.

Instituto de Desenvolvimento Sustentável Mamirauá (IDSM) – Organização social criada em 1999 e vinculada ao Ministério da Ciência e Tecnologia. Por intermédio de convênios com o governo do Estado do Amazonas, é co-gestor das Reservas de Desenvolvimento Sustentável Mamirauá e Amanã. Sua sede fica na cidade de Tefé, no Médio Solimões, Amazonas.

Instituto Nacional de Pesquisas da Amazônia (INPA) – uma das principais instituições de pesquisa da região Norte, é um órgão da administração direta do Ministério da Ciência e Tecnologia. Sediado em Manaus, no Amazonas, foi criado em 1952 com a finalidade de realizar o estudo científico do meio físico e das condições de vida da região amazônica, tendo em vista o bem-estar humano.

J

Jacaré-açu – trata-se do maior jacaré brasileiro e o maior réptil da América do Sul. Pode chegar a 6 metros de comprimento e pesar 300 quilos. Embora sua população esteja estável na Reserva de Desenvolvimento Sustentável Mamirauá, é um animal considerado em risco de extinção.

L

Látex – líquido leitoso proveniente de cortes superficiais em algumas plantas e árvores, como, por exemplo, as seringueiras. O látex, ao entrar em contato com o ar, se coagula, e pode ser aquecido para a produção da borracha, que tem grande valor comercial. Seu extrativismo influenciou muito a colonização da região Norte.

M

Madeira, rio – rio de água branca pertencente à Bacia Hidrográfica do Rio Amazonas, do qual é um dos mais importantes tributários. Nasce na cordilheira dos Andes, tem extensão de 1.450 quilômetros e, no Brasil, banha os Estados de Rondônia e Amazonas.

Os novos ares sustentáveis

Em 1987, o conceito de desenvolvimento sustentável foi estabelecido por um documento intitulado "Nosso Futuro Comum", fruto dos estudos da Comissão Mundial sobre Meio Ambiente e Desenvolvimento, iniciativa da ONU. Em 2002, a ONU fez uma revisão durante a Cúpula Mundial para o Desenvolvimento Sustentável, que aconteceu na África do Sul. Na ocasião, o então secretário-geral da ONU, Kofi Annan, parabenizou o Brasil como o país que mais havia avançado em questões ambientais. Entre as iniciativas que levaram a essa condição estava a criação de Unidades de Conservação para a proteção do meio ambiente. Uma delas, entretanto, era diferenciada, pois pregava (e ainda prega) a coexistência entre homem e natureza, a partir da conservação da biodiversidade e da exploração dos recursos de forma inteligente – questões centrais no debate. Com esse conceito foi criada a primeira Reserva de Desenvolvimento Sustentável em território nacional: Mamirauá. Veio à vida nesse formato em 1996, por meio da habilidade diplomática e do esforço incansável de José Márcio Ayres, e deu origem a um novo paradigma em termos de preservação.

Malhadeira – dispositivo utilizado para pesca nos rios e igarapés da Amazônia. Consiste de uma malha presa entre duas varas, que são fincadas em locais estratégicos, como a boca de um igarapé, não dando muita chance de os peixes escaparem.

Manejo de pesca sustentada – orientados por pesquisadores e técnicos, os pescadores realizam a contagem anual do estoque do recurso pesqueiro, visando à conservação dos animais para as gerações futuras. O período em que a atividade é permitida é restrito, bem como a quantidade e o tamanho mínimo dos peixes, o que varia de acordo com cada espécie. O manejo contribui também para a valorização do preço final.

Manejo de recursos naturais – o manejo pode ser definido como a execução de procedimentos e operações capazes de interferirem nas condições ambientais de uma dada área. Os objetivos são os de incrementar a produtividade, melhorar a qualidade de vida das populações locais e agregar valor à matéria-prima. Para ser sustentável, deve antecipar a continuidade do acesso aos recursos naturais. Inclui atividades de monitoramento e respeita a legislação ambiental.

Mata ciliar – é a vegetação que se desenvolve ao longo dos corpos d'água. Protege as margens de rios, as nascentes, os córregos e os lagos da erosão e do assoreamento, além de favorecer a infiltração da água da chuva no solo e aproveitar a umidade. Também chamada de mata de galeria.

N

Nicho ecológico – é o modo de vida de cada espécie em seu habitat. Conjunto de atividades que a espécie desempenha, o que inclui relações alimentares e obtenção de abrigos e locais de reprodução.

O

Omáguas – uma das sociedades indígenas que habitava a Amazônia quando da chegada dos colonizadores. Ocupavam áreas com quilômetros de extensão na várzea do Rio Solimões. Foram extintos já no começo do século 18, em função da aculturação, da destribalização e das seguidas guerras com os portugueses. Dominavam a agricultura ligada ao ciclo das águas.

P

Palafita – casa construída em terreno alagado, sobre estacas, para impedir que a água invada a moradia.

Paraná – na Amazônia, canais que saem dos rios ou que ligam dois rios entre si. Também chamados de braços de rios.

Parque Nacional – um dos modelos de Unidades de Conservação previstos pelo Ibama. Tem como objetivo a preservação de ecossistemas naturais de grande relevância ecológica e de beleza cênica.

Parque Nacional do Jaú – uma das maiores reservas ambientais do mundo, compreende uma área protegida de quase 2,3 milhões de hectares da Amazônia. É composto por matas de terra firme e alagadas. Ao lado das Reservas de Desenvolvimento Sustentável de Mamirauá e Amanã (esta, sua vizinha), compõe o maior corredor ecológico em extensão do planeta.

Peixe-boi – mamífero aquático que pode chegar a 3 metros de comprimento e pesar meia tonelada. Se alimenta apenas de plantas e tem de subir à superfície para respirar. Está na lista de animais ameaçados de extinção.

Pirarucu – maior peixe com escamas de água doce do mundo, pode atingir 3 metros de comprimento e pesar 200 quilos. Tem respiração aérea, ou seja, precisa subir à superfície da água para respirar, o que facilita sua captura. Tem alto valor econômico e é considerado quase extinto em diversas regiões da Amazônia.

Planície – grande porção de terra relativamente plana, de origem sedimentar. Costuma predominar a baixa altitude, nas quais os processos de acumulação superam os de destruição.

Plano de Gestão – conjunto de ações acordadas entre os atores sociais interessados na conservação e preservação ambiental de uma dada área. Deve dar origem a projetos setoriais e integrados capazes de resultarem nas medidas necessárias à gestão do território.

Plano de Manejo – documento técnico preparado a partir dos objetivos gerais de uma Unidade de Conservação, por meio do qual são estabelecidas as normas que devem orientar o uso da área e o manejo dos recursos naturais.

R

Reserva de Desenvolvimento Sustentável (RDS) – área de proteção ambiental legalmente instituída pelo poder público, que abriga populações tradicionais com existência baseada na exploração dos recursos naturais de forma sustentável. Tem como objetivos proteger a natureza, preservar a diversidade ecológica e garantir a qualidade de vida de seus moradores e usuários por meio de um Plano de Manejo. No Brasil, o modelo surgiu em 1996 com a criação da RDS Mamirauá.

Ribeirinho – termo usado para designar os moradores das comunidades situadas à beira dos rios. Sua dinâmica de vida é totalmente dependente das águas.

S

Samaúma – árvore encontrada tanto na várzea quanto na terra firme, sendo que, em terrenos úmidos, é maior e pode chegar a 50 metros de altura e 2 metros de diâmetro. Tem flores rosadas com manchas púrpuras e frutos com sementes envolvidas por um tipo de pluma. Seu tamanho lhe rendeu o apelido de Rainha da Floresta.

Savana – tipo de vegetação das áreas abertas da Amazônia. É encontrada, principalmente, no Sul da região e ao redor da bacia dos rios Trombetas e Paru. Em termos fisionômicos, é muito similar ao cerrado. Algumas de suas principais espécies de plantas são o cajueiro e o fruto de ema.

Sociedade Civil Mamirauá – ONG fundada em 1990 com o objetivo de captar recursos para o Instituto de Desenvolvimento Sustentável Mamirauá que, por sua vez, é a organização social contratada pelo Ministério da Ciência e Tecnologia na cogestão das Reservas de Mamirauá e Amanã.

Subsistência – atividades desenvolvidas apenas para o sustento das pessoas que nelas trabalham, sem fins comerciais. Noutras palavras, é o conjunto dos recursos necessários para a sobrevivência humana.

Sustentabilidade – conceito relacionado à continuidade dos aspectos econômico, social, cultural e ambiental da sociedade humana. Um empreendimento sustentável tem de ser ecologicamente correto, economicamente viável, socialmente justo e culturalmente aceito.

T

Tambaqui – peixe caracídeo, originário da Amazônia, que atinge até 1 metro de comprimento quando adulto. É uma

das espécies mais exploradas na região, onde é apreciado por sua carne macia.

Tapuio – nome dado pelos índios tupi-guarani aos indivíduos de outras tribos ou aos mestiços com brancos. Sinônimo de caboclo.

U

Uacari-branco – primata típico das áreas de várzea, tem a cabeça calva, a cara vermelha e os pelos do corpo brancos ou em tonalidade clara. Vivem no topo das árvores no Médio Solimões e se alimentam de sementes, brotos, frutos e folhas.

Unidade de Conservação – Área de proteção ambiental legalizada pelo poder público em suas esferas federal, estadual e municipal. Podem ser de proteção integral, que não permitem habitações humanas, ou de uso sustentável, que admite a presença de moradores e usuários.

Urucu – é o fruto do urucuzeiro, árvore frutífera com propriedades medicinais. Da polpa de seus frutos se produz corantes amarelos e vermelhos utilizados pelos índios para pintura corporal.

Usuários de reserva – pessoas que não moram dentro dos limites de uma reserva ambiental, mas que usufruem de seus recursos naturais, como os habitantes do entorno de Mamirauá.

V

Várzea – nome popularizado para designar as planícies pluviais ou os terrenos baixos, planos e férteis ao longo das margens de um curso d'água.

X

Xerófita – planta adaptada a ambientes secos e quentes.

Z

Zoneamento agroecológico – ordenamento por meio de mapas das informações relativas ao tipo de vegetação, geologia, solo, clima, recursos hídricos, climáticos e áreas de preservação de uma determinada região.

Bibliografia

Livros

[1] GOULDING, Michael. *História natural dos rios amazônicos*, Sociedade Civil Mamirauá, CNPq, Rainforest Alliance, 1997

[2] QUEIROZ, Helder Lima de. *A Reserva de Desenvolvimento Sustentável Mamirauá*. Disponível em: www.scielo.br

[3] BANNERMAN, Matt, *Mamirauá, um Guia da história natural da várzea Amazônica*, pág 16

[4] AYRES, José Márcio. *As matas de várzea do Mamirauá*, Sociedade Civil Mamirauá, 2006

GONDIM, Neide. *A invenção da Amazônia*, Editora Valer, 2007

CUNHA, Euclides da. *À margem da história*, Martin Claret, 2006

GIOVANNETTI, Gilberto; LACERDA, Madalena. *Dicionário de geografia*, Melhoramentos, 1996

BATISTA, Djalma. *O complexo da Amazônia*, Editora INPA, Valer Editora, Edua, 2007

CORRÊA, Marcos Sá. *Itatiaia o caminho das pedras*, Metalivros, 2003

KOCH-GRUNBERG, Theodor. *Do Roraima ao Orinoco, Volume 1*, Editora Unesp, 2005

AB'SÁBER, Azis Nacib. *Amazônia do discurso à práxis*, Edusp, 2004

MELLO, Thiago de; MARIGO, Luiz Claudio. *Mamirauá*. Sociedade Civil Mamirauá, 2002

MEDAGLIA, Thiago; CUNHA, Valdemir. *Tietê, um rio de várias faces*, Editora Horizonte, 2009

MEIRELLES FILHO, João. *Grandes expedições à Amazônia brasileira (1500–1930)*, Metalivros, 2009

MEIRELLES, João Augusto. *O livro de ouro da Amazônia*, Ediouro, 2006

PORRO, Antonio. *Dicionário étno-histórico da Amazônia colonial*, IEB (USP), 2007

RIBEIRO, Berta. A*mazônia urgente: 5 séculos de história e ecologia*, Itatiaia Editora, 1992

HATOUM, Milton. *A cidade ilhada*, Companhia das Letras, 2007

SANTOS, Francisco Jorge dos. *História geral da Amazônia*, Editora MemVavMem, 2007

ZOCCHI, Paulo; MARAGNI, Marcelo. *Rio Paranapanema, da nascente à foz*, Editora Horizonte Geográfico, 2002

CUNHA, Valdemir. *Pantanal, o último Éden*, DBA, 2007

STRAUSS, Claude Levi. *Tristes trópicos*, Companhia das Letras, 2000

PILETTI, Nelson. *História do Brasil*, Editora Ática, 1997

A. ARRUDA, José Jobson de; PILETTI, Nelson. *Toda a história*, Editora Ática, 1996

CÂMARA CASCUDO, Luís da. *Dicionário do folclore brasileiro*, Editora Global, 2000

PRADO JR., Caio. *Formação do Brasil contemporâneo*, Editora Brasiliense, 1994

FURTADO, Celson. *Formação econômica do Brasil*, Companhia das Letras, 2007

REIS, Marise. *Arengas e Picicas*, Sociedade Civil Mamirauá, 2005

RIBEIRO, Darcy. *Índios e a civilização*, Companhia das Letras, 1996

RIBEIRO, Darcy. *O processo civilizatório*, Companhia das Letras, 1998

RIBEIRO, Darcy. *Povo brasileiro*, Companhia de Bolso, 2006

HOLANDA, Sergio Buarque de. *Raízes do Brasil*, Companhia das Letras, 1997

HOLANDA, Sergio Buarque de. *Visão do paraíso*, Brasiliense, 1994

IDSM. *Mamirauá*, Instituto de Desenvolvimento Sustentável Mamirauá, 2008

CUNHA, Manuela Carneiro da. *História dos índios no Brasil*, Companhia das Letras, 1992

ESTEVES, Antonio R. *A ocupação da Amazônia*, Editora Brasiliense, 1982

HOORANERT, Eduardo. *História geral da igreja na América Latina*, Vozes, 1992

LESSA, Ricardo. *Amazônia, as raízes da destruição*, Atual, 1991

Teses e dissertações

[5] FERREIRA MOURA, Edila Arnaud. *Práticas socioambientais na Reserva de Desenvolvimento Sustentável Mamirauá*, Universidade Federal do Pará, Núcleo de Estudos Amazônicos, PDTU, 2007

[6] LIMA-AYRES, Deborah de Magalhães. *The social category caboclo*, Department of Social Anthropology, Free School Lane, Cambridge University, 1992

AMARAL, João Valsecchi do. *Diversidade de mamíferos e uso da fauna nas Reservas de Desenvolvimento Sustentável Mamirauá e Amanã*, programa de pós-graduação em zoologia do Museu Paraense Emílio Goeldi e Universidade Federal do Pará, 2005

QUEIROZ, Helder Lima de. *Natural history and conservation of pirarucu, Arapaima gigas, at the Amazonian várzea: red giants in muddy waters.* Thesis submited for the degree of Doctor of Philosophy, University of St Andrews, 2000

Revistas e jornais

National Geographic Brasil, Edição 122, 2010

O Macaqueiro, Instituto de Desenvolvimento Sustentável Mamirauá:

Ano IX: números 33, 32

Ano X: números 34, 37

Sites

www.sosmataatlantica.org.br
www.earth.google.com.br
www.planetasustentavel.abril.com.br
www.agencia.cnptia.embrapa.br
www.canalciencia.ibict.br
www.mct.gov.br
www.scielo.br (A Reserva de Desenvolvimento Sustentável Mamirauá)
www.amazonia.org.br
www.inpe.br
www.oglobo.com
www.periodicos.uniso.br
www.mamiraua.org.br
www.abcdaenergia.com
www.uakarilodge.com.br
www.ambientebrasil.com.br
www.animaldiversity.ummz.umich.edu/site
www.artesanato.com/
www.abong.org.brs
www.esmpu.gov.br
www.brasilescola.com
www.cnpq.br
www.cbca.org.br
www.esalq.usp.br
www.ufrgs.br
www.zoologico.sp.gov.br
www.ibama.gov.br
www.inpa.gov.br
www.ra-bugio.org.br/index.php
www.vacina.com.br
www.marinebio.org
www.museu-goeldi.br
www.carmelitas.org.br
www.pesca.tur.br
www.portalamazonia.globo.com
www.funai.gov.br
www.redeambiente.org.br
www.tropilab.com
www.ufc.br
www.ecolnews.com.br/dicionarioambiental/
www.wwf.org.br
www.ceplac.gov.br
www.folha.uol.com.br
www.estadao.com.br
www.ufmg.br
www.portal.ufpa.br
www.ufam.edu.br
www.usp.br
www.povosdamazonia.am.gov.br
www.bv.am.gov.br
www.conservation.org.br
www.socioambiental.org
www.greenpeace.org
www.portalsaofrancisco.com.br

Créditos das imagens

As fotos deste livro são de autoria de Marcos Amend, com exceção das seguintes imagens:

Capítulo 1

Págs. 12–13: Luiz Claudio Marigo. **Pág. 18:** Luiz Claudio Marigo. **Pág. 19:** Luiz Claudio Marigo. **Pág. 32:** Séc. 19, retirada do livro de Henry Bates "O naturalista no Amazonas". Cordelia Mollo/SPL DC/Latinstock. **Pág. 33:** Luiz Claudio Marigo.

Capítulo 2

Pág. 44–45: Paulo Santos/Interfoto. **Pág. 47:** Peter Milko/Horizonte. **Pág. 52:** Peter Milko/Horizonte. **Pág. 53:** Peter Milko/Horizonte. **Pág. 62 (alto):** Peter Milko/Horizonte. **Pág. 63:** Rolex Awards/Luiz Claudio Marigo. **Pág. 64:** Luiz Claudio Marigo. **Pág. 65:** Du Zuppani/Pulsar Imagens. **Pág. 67:** Luciano Candisani. **Pág. 68–69:** Luciano Candisani.**Pág. 73:** Paulo Santos/Interfoto. **Pág. 76:** Paulo Santos/Interfoto.

Capítulo 3

Pág. 78–79: Luiz Claudio Marigo. **Pág. 81:** Luiz Claudio Marigo. **Pág. 82:** Luiz Claudio Marigo. **Pág. 92:** Luiz Claudio Marigo. **Pág. 93:** Luiz Claudio Marigo. **Pág. 94–95:** Luiz Claudio Marigo. **Pág. 97:** Mark Bowler/Photoresearchers/Latinstock.

Capítulo 4

Pág. 98–99: Luiz Claudio Marigo. **Pág. 100–101:** Luiz Claudio Marigo. **Pág. 107:** Luiz Claudio Marigo. **Pág. 111:** Luiz Claudio Marigo. **Pág. 112:** Obra de Six e Martius, Alemanha, 1831. Corbis (DC)/Latinstock. **Pág. 113:** Luiz Claudio Marigo. **Pág. 114:** 1974. Gilberto Ribeiro dos Santos/Folhapress. **Pág. 115:** Frederic Lewis/Getty Images.

Glossário - Pág. 124: Thiago Medaglia

Agradecimentos

A todas as pessoas participantes do Projeto Mamirauá, sobretudo aqueles que dispuseram de seu tempo para nos atender. Foram eles: Paulo Roberto (coordenador de fiscalização), Marília Sousa (coordenadora do Programa de Artesanato), Bárbara Richers (coordenadora do Programa de Agricultura), Claudeise Nascimento (coordenadora do Programa de Qualidade de Vida) e Sandro Regatieri (educador ambiental), Isabel Soares de Sousa (coordenadora do Programa de Gestão Comunitária), Miriam Marmotel (coordenadora do Projeto Peixe-Boi) e sua equipe, Bernardo Lacale S. da Costa (antropólogo), a equipe do Projeto Boto-Vermelho, Cézar e sua esposa Maura, o companheiro de barco Marco Lopes, Otílio Feitosa de Araújo, o Seu Mimi, e seus familiares, Joaquim Martins e sua família, a Nilton Souza, Dona Morango, Deuseni Martins e os funcionários da Pousada Uacari, a artesã Sônia Maria da Silva Lima, a toda a comunidade do Aiucá, Benevaldo Neves e todos no Sítio Fortaleza, o taxista Argemiro, em Tefé.

E mais: Ana Rita Alves, Helder Lima de Queiroz, Edila Moura e Maura Gualberto do IDSM.

Por fim, a todos aqueles que, porventura, esquecemos de mencionar, e aos que integram ou cooperam com o Instituto de Desenvolvimento Sustentável Mamirauá, a nossa sincera gratidão.

Quem apoiou

O modelo revolucionário da Reserva de Desenvolvimento Sustentável Mamirauá, idealizado por Márcio Ayres no final dos anos 80, foi um desafio que precisou de muitas mãos para seguir adiante. Em 1991 foi criada a Estação Ecológica Mamirauá (EEM), graças ao apoio de pesquisadores do Museu Emilio Goeldi (PA), da Universidade Federal do Pará (UFPA) e do Instituto Nacional de Pesquisas Amazônicas (INPA).

Os principais financiadores nessa etapa foram, no Brasil, o Conselho Nacional de Desenvolvimento Científico e Tecnológico (CNPq), que contribuiu com mais de 40% do financiamento do projeto, e do Instituto de Proteção Ambiental do Estado do Amazonas (Ipaam). O financiamento veio também do exterior por meio da Overseas Development Administration (ODA), da Wildlife Conservation Society (WCS), da World Wide Fund for Nature (WWF–UK) e da European Union (EEC).

O Projeto Mamirauá, que precedeu a criação da RDS, também contou com a colaboração da Academia Brasileira de Ciências, Ibama – Superintendência do Amazonas, Instituto Ecológico Aqualung, Fundo Nacional do Meio Ambiente (MMA), Conservation International, Prelazia de Tefé, University of Oxford, University of Cambridge, Universidade Federal de Juiz de Fora , UNICEF – Brasília, Secretaria da Amazônia Legal, Royal Society – UK, Fundação O Boticário, Fundação Monografias Ilustradas dos Primatas – Holanda, Fundação Margaret Mee, Convênio INPA/Max-Planck, Junta Nacional de Investigação Científica e Tecnológica (Portugal), Fundação Universidade do Amazonas, Rainforest Alliance, Wildlife Preservation Truts International e Ministério do Meio Ambiente.

Criado em 1999, o Instituto de Desenvolvimento Sustentável Mamirauá (IDSM) é vinculado ao Ministério da Ciência e Tecnologia (MCT) e à Secretaria de Desenvolvimento Sustentável (SDS) do Estado do Amazonas. Mas o IDSM ainda conta com a ajuda de vários parceiros. Atualmente, são cerca de 70 colaboradores, entre colônias de pescadores, universidades e fundações internacionais. Além de ONGs e órgãos públicos, empresas privadas também foram (e ainda são) companheiras em iniciativas na reserva, entre elas, Banco Bradesco, Petrobrás, Esso e Oi.